高职高专自动化类“十二五”规划教材

仪表识图与安装

于秀丽　张新岭　主　编
王　林　主审

化学工业出版社
·北京·

本书分项目实施基础知识和六个安装项目共七个部分。项目实施基础知识主要介绍识读仪表安装图、合同制订注意事项、风险评估方法、技术方案的编制及仪表试验和工程交接验收。仪表安装的六个项目为：压力检测仪表的安装、流量检测仪表的安装、温度检测仪表的安装、液位检测仪表的安装、执行器的安装及集散控制系统的安装。本书从职业的实际出发，选择典型事例作为教学的主题，以实践为导向，教师为主导，学生为主体，内容丰富，实用性强。

本书可作为高职高专院校、本科院校成人教育工业生产自动化技术类专业及相关专业教材，还可供从事生产自动化技术工作的人员参考。

图书在版编目（CIP）数据

仪表识图与安装/于秀丽，张新岭主编．—北京：化学工业出版社，2012.1（2025.3重印）

高职高专自动化类“十二五”规划教材

ISBN 978-7-122-13047-1

Ⅰ．仪…　Ⅱ．①于…②张…　Ⅲ．①仪表-机械图-识别-高等职业教育-教材②仪表-安装-高等职业教育-教材　Ⅳ．TH7

中国版本图书馆CIP数据核字（2011）第265586号

责任编辑：张建茹　刘　哲　　　文字编辑：向　东

责任校对：吴　静　　　装帧设计：尹琳琳

出版发行：化学工业出版社（北京市东城区青年湖南街13号　邮政编码100011）

印　　装：北京科印技术咨询服务有限公司数码印刷分部

787mm×1092mm　1/16　印张9¼　字数221千字　2025年3月北京第1版第3次印刷

购书咨询：010-64518888　　　售后服务：010-64518899

网　　址：http：//www.cip.com.cn

凡购买本书，如有缺损质量问题，本社销售中心负责调换。

定　　价：22.00元

前　言

高职高专教材建设是高职院校教学改革的重要组成部分，2009 年全国化工高职仪电类专业委员会组织会员学校对近百家自动化类企业进行了为期一年的广泛调研。2010 年 5 月在杭州召开了全国化工高职自动化类规划教材研讨会。参会的高职院校一线教师和企业技术专家紧密围绕生产过程自动化技术、机电一体化技术、应用电子技术及电气自动化技术等自动化类专业人才培养方案展开研讨，并计划通过三年时间完成自动化类专业特色教材的编写工作。主编采用竞聘方式，由教育专家和行业专家组成的教材评审委员会于 2011 年 1 月在广西南宁确定出教材的主编及参编，众多企业技术人员参加了教材的编审工作。

本套教材以《国家中长期教育改革和发展规划纲要》及 2006 年教育部《关于全面提高高等职业教育教学质量的若干意见》为编写依据。确定以“培养技能，重在应用”的编写原则，以实际项目为引领，突出教材的应用性、针对性和专业性，力求内容新颖，紧跟国内外工业自动化技术的最新发展，紧密跟踪国内外高职院校相关专业的教学改革。

本书按照“工学结合”的思路，以生产企业的实际过程项目为主线，打破传统教材的编写模式，用“项目化教学体系”的最新模式编写，在编写思路与手法上与实际过程紧密结合。

项目教学法，是师生通过共同实施一个完整的项目工作而进行的教学活动。它是“行为导向”教学法的一种。一个项目是计划好的有固定的开始时间和结束时间的工作，原则上项目结束后应有一件较完整的作品。

基于建构主义的项目教学法与传统的教学法相比，有很大的区别，主要表现在改变了传统的三个中心：由以教师为中心转变为以学生为中心；由以课本为中心转变为以项目为中心；由以课堂为中心转变为以实际经验为中心。它是从职业的实际出发，选择典型事例作为教学的主题，以实践为导向、教师为主导、学生为主体，师生通过共同实施一个完整的项目工作，并且共同评价项目工作成果而进行的教学活动。其优点在于能够使学生积极、主动地参加到技能学习的全过程，独立自主地制订计划并付诸实施，运用新学习的知识与技能解决过去从未遇到的问题。

教学实施的流程如下。

1. 明确项目任务：教师提出任务，同学讨论；
2. 制订计划：学生制订，教师审查并给予指导；
3. 实施计划：学生分组及明确分工，合作完成；
4. 检查评估：学生自我评估，教师评价；
5. 归档或应用：记录归档，应用实践。

本书的特点如下。

1. 实践性：项目的主题与生产密切联系，学生的学习更加具有针对性和实用性；
2. 自主性：为学生提供根据自己的兴趣选择内容和展示形式的决策机会，学生能够自主、自由地进行学习，从而有效地促进学生创造能力的发展；

3. 发展性：长期项目与阶段项目相结合，构成为实现教育目标的认知过程；

4. 综合性：具有学科交叉性和综合能力运用的特点；

5. 开放性：体现在学生围绕主题所探索的方式、方法和展示、评价具有多样性和选择性。项目教学的评价注重学生在项目活动中能力发展的过程，测评内容包括学生参与活动各环节的表现以及作业质量。

本书分项目实施基础知识和仪表安装。项目实施基础知识主要介绍识读仪表安装图、合同制订注意事项、风险评估方法、技术方案的编制及仪表试验和工程交接验收。仪表安装分六个项目：压力检测仪表的安装、流量检测仪表的安装、温度检测仪表的安装、液位检测仪表的安装、执行器的安装及集散控制系统的安装。

参加本书编写的人员都是多年从事自动化仪表教学和实践的教师和工程技术人员。全书共分为七个部分，其中，项目实施基础知识、项目1～项目4及项目5的子项目1和子项目2由于秀丽编写；项目6的子项目1由张新岭编写；项目6的子项目2由宋国栋编写；项目5的子项目3及书中思考题及部分参考答案由曹雅静编写。于秀丽负责全书统稿工作。

在教材编写的过程中得到了高级工程师王林、工程师钱志平、仪表安装工程师赵雪飞、张德泉和王银锁老师的大力支持和帮助。同时，在编写过程中参考了业内专家的相关著作，在此一并表示衷心的感谢！

本书由于秀丽、张新岭任主编。全书由仪表专家王林任主审，并在书稿审阅中提出许多非常好的建议，在此深表感谢！

限于编者水平，本教材中的疏漏和不足之处在所难免，恳请同行和读者批评指正。

全国化工高职仪电类专业委员会

2011年7月

目　录

项目实施基础知识 …… 1

0.1　识读仪表安装图 …… 1

0.2　合同制订注意事项 …… 24

0.3　风险评估方法 …… 26

0.4　技术方案的编制 …… 27

0.5　仪表试验和工程交接验收 …… 30

思考与复习题 …… 35

项目1　压力检测仪表的安装 …… 36

子项目1.1　弹簧管压力表的安装 …… 36

子项目1.2　压力变送器的安装 …… 41

思考与复习题 …… 46

项目2　流量检测仪表的安装 …… 47

子项目2.1　差压式流量变送器的安装 …… 47

子项目2.2　转子流量计的安装 …… 59

子项目2.3　电磁流量计的安装 …… 64

思考与复习题 …… 69

项目3　温度检测仪表的安装 …… 70

子项目3.1　热电阻的安装 …… 70

子项目3.2　热电偶的安装 …… 72

思考与复习题 …… 78

项目4　液位检测仪表的安装 …… 79

子项目4.1　浮筒式液位计的安装 …… 79

子项目4.2　差压式液位计的安装 …… 86

思考与复习题 …… 90

项目5　执行器的安装 …… 91

子项目5.1　气动薄膜调节阀的安装 …… 91

子项目5.2　电动调节阀的安装 …… 95

子项目5.3　电磁阀的安装 …… 99

思考与复习题 …… 104

项目6　集散控制系统的安装 ………… 105

子项目6.1　JX-300XP的安装 ………… 105

子项目6.2　CENTUM CS3000的安装 ………… 121

思考与复习题 ………… 136

附录　常用工具 ………… 137

参考文献 ………… 138

项目实施基础知识

0.1　识读仪表安装图

0.1.1　仪表安装图常用图形符号

了解仪表安装图常用图形符号，有助于正确识读仪表安装图。常用图形符号如表 0-1。

表 0-1　仪表安装图常用图形符号

序号	名　　称	图 形 符 号
1	压力表 PRESSURE	
2	变送器(压力或差压) TRANSMITTER(P OR D/P CELL)	120° 15 10 10
3	二阀组与变送器组合安装 MANIFOLD AND TRANSMITTER	
4	二阀组 2-VALVE MANIFOLD	
5	多路阀 GAUGE/ROOT VALVE (GAUGE MULTIPORT VALVE)	
6	三阀组 3-VALVE MANIFOLD	5 5 10
7	五阀组 5-VALVE MANIFOLD	
8	三阀组与变送器组合安装 MANIFOLD AND TRANSMITTER	
9	五阀组与变送器组合安装 MANIFOLD AND TRANSMITTER	

续表

序号	名　　称	图形符号
10	节流装置 ORIFICE PLATE	6~8　6　12　30
11	转子流量计 AREA FLOW METER	
12	空气过滤器减压阀 AIR SET	
13	膜片隔离压力表 DIAPHRAGM SEALED PRESSURE GAUGE	
14	变送器(压力或差压) TRANSMITTER(P OR d/P CELL)	
15	浮筒液面计 DISPLACEMENT TYPE LEVEL INSTRUMENT	
16	法兰式液面变送器 FLANGE MOUNTED LIQUID LEVEL TRANSMITTER	
17	远传膜片密封差压变送器 REMOTE DIAPHRAGM SEAL DIFFERENTIAL PRESSURE TRANSMITTER	
18	分析取样系统过滤器 SAMPLE SYSTEM FILTER	
19	分析系统用减压器 PRESSURE REGULATOR FOR SAMPLE SYSTEM	
20	冷却罐 COOLER	
21	夹套式冷却器 JACKETING COOLER	

续表

序号	名　　称	图形符号
22	干燥瓶 DRYING BOTTLE	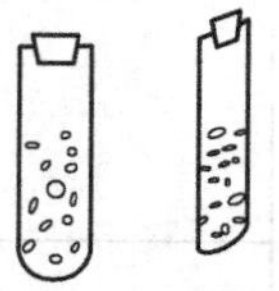
23	导压管或气动管线 PRESSURE PIPING OR TUBE	
24	坡度 SLOPE	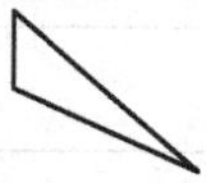
25	毛细管 CAPILLARY TUBE	
26	工艺设备或管道 VESSEL OR PIPE	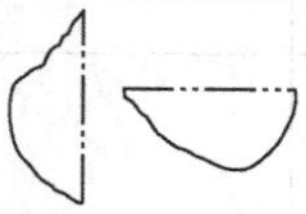
27	取源法兰接管 WELD NECK FLANGE	
28	取源管接头 PRESSURE TAP	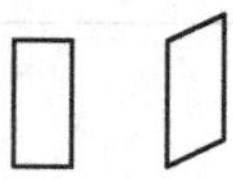
29	阀门 VALVE	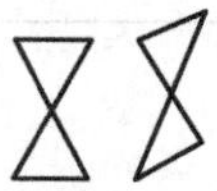
30	法兰 FLANGE	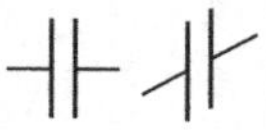
31	法兰连接阀门 FLANGED VALVE	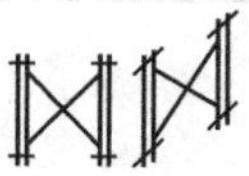
32	限流孔板 RESTRICT ORIFICE	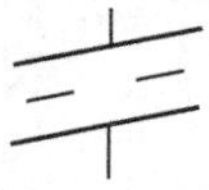
33	止回阀 CHECK SHANK	
34	带垫片正反扣压力表接头 CHUCK SHANK	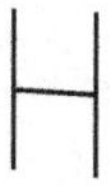
35	带垫片压力表接头 GAUGE CONNECTOR	

续表

序号	名称	图形符号
36	冷凝弯 PIPE	
37	冷凝圈 PIPE SYPHON	
38	焊接点 WELD	
39	直通终端接头 END CONNECTOR	
40	直通中间接头或活接头 UNION	
41	弯通中间接头 ELBOW	
42	三通中间接头 TEE	
43	直通穿板接头 BULKHEAD UNION	
44	隔离容器 SEAL CHAMBER	
45	角形阀 ANGLE VALVE	
46	带法兰角形阀 FLANGE ANGLE VALVE	
47	冷凝容器 CONDENSATE POT	
48	分离容器 SEPARATOR	
49	弯通终端接头 END CONNECTOR	

续表

序号	名　　称	图 形 符 号
50	分工范围 SCOPE OF WORK	
51	大小头 REDUCER 异径接头，异径短节 REDUCING ADAPTER	
52	伴热管 TRACER	
53	保温 INSULATION	
54	疏水器 STEAM TRAP	
55	保温箱或保护箱 HEATING BOX (PROTECTION BOX)	
56	防爆密封接头 Ex(d). PACKING GLAND	
57	防水密封接头 WATER-PROOF GLAND	
58	防爆铠装电缆密封接头 Ex(d). ARMOED-CABLE PACKING GLAND 防水铠装电缆密封接头 WATER-PROOF ARMOED-CABLE PACKING GLAND	
59	接管式防爆密封接头 Ex(d). PACKING GLAND FOR CONNECTING PIPE	
60	接管式防水密封接头 WATER-PROOF PACKING GLAND FOR CONNECTING PIPE	
61	防爆密封接头挠性管 FLEXIBLE CONDUIT WITH Ex(d). PACKING GLAND	
62	小型异径三通接头 3-WAY REDUCER	

0.1.2 仪表安装材料文字代号

仪表安装材料代码由两位英文字母和三位数字组成，分别表示材料的类别、品种及规格。

（1）材料分类

仪表安装材料分为七个类别，由材料代码的第一位英文字母表示，如表0-2。

表0-2 仪表安装材料分类代号

序号	代号	类别	说明
1	C	辅助容器	如冷凝器、冷却器、过滤器、分离器等
2	E	电气材料	如穿线盒、挠性管、电缆管卡等
3	F	管件	如镀锌铸铁管件、卡套管件、焊接管件等
4	P	管材	如塑料管、铝管、铜管、钢管等
5	S	型材	如角钢、圆钢、槽钢等
6	U	紧固件	如法兰、垫片、螺栓、螺母等
7	V	阀门	如球阀、闸阀、多路阀等

（2）材料品种

仪表安装材料代码的第二位英文字母表示该类材料中的不同品种，例如，C类中的C表示冷凝器和冷却器，S表示隔离器；S类中的C表示槽钢，L表示钢板；U类中的B表示螺栓、螺柱、螺钉，F表示法兰、法兰盖，G表示垫片、透镜垫，N表示螺母，W表示垫圈，V类中的C表示截止阀，G表示闸阀，B表示球阀，I表示仪表气动管路用阀，M表示多路闸阀。

（3）材料名称、规格和材质

仪表安装材料代码中第3、4、5位的序号表示材料的规格、材质等。

0.1.3 现场仪表安装总则

现场仪表的安装总则如下。

① 仪表规格、型号、测量范围和位号在设备和管道上安装位置应符合设计要求。

② 每块仪表及检测元件设计位号铭牌要齐全、牢固、清晰。

③ 装表前必须进行标准调整和试验，并做好记录。

④ 就地安装仪表要安装在易观察和便于操作维护、不易被损伤碰坏的地方，并应牢靠固定。不应安装在有振动、潮湿、高温、温度变化剧烈、有腐蚀性气体和有强电磁场干扰的位置。

⑤ 所有带压部位必须密封，为了便于维护，每块仪表应配阀门。

⑥ 直接安装于工艺管道上的仪表和检测元件，应该在工艺管道吹扫后安装并随工艺做强度试验。安装于设备上的仪表，可以和设备一起做气密性试验，但不能做强度试验。取源部件应随设备和管道进行压力试验。

⑦ 仪表控制点具体位置工艺图纸都有，少数根据实际情况，需改动的应由设计人员、甲方现场代表、仪表施工员三方一起确定具体位置。开控制点必须在设备或管道的防腐、衬里、吹扫和压力试验前进行，以免开孔时破坏防腐层，影响试压。在高压、合金钢、有色金属设备和管道开孔处，应采取机械加工法；对砌体和硅浇注体上安装的取源部件，应在砌筑或浇注的同时埋入，当无法做到时，应预留安装孔；不宜在焊缝及其边缘上开孔和焊接。

⑧ 仪表上接线盒的引入口不宜朝上，当不可避免时，应采取密封措施。施工中要及时封闭接线盒盖及引入口。

⑨ 特殊场合（如易燃、易爆、强腐蚀，高压等）要根据设计要求，严格施工。

0.1.4 压力仪表安装

0.1.4.1 取源部件安装

① 压力控制点应选择流速稳定的地方，不允许选在管道弯曲、死角的地方。

② 如果压力取源部件与温度取源部件在同一管段上，应安装在温度取源部件上游侧。

③ 压力取源部件在焊接时，取压管内端不应超出设备或管道的内壁，取压口要求无毛刺、无焊瘤，如图 0-1 所示。

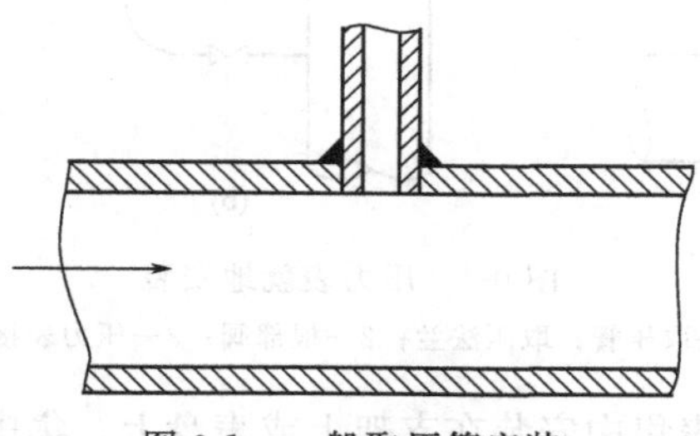

图 0-1 一般取压管安装

④ 测量带有灰尘、固体颗粒或沉淀物等物料的压力时，在垂直、倾斜管道和设备上，取压管倾斜向上安装，在水平管道上宜顺物料流出方向安装，如图 0-2 所示。

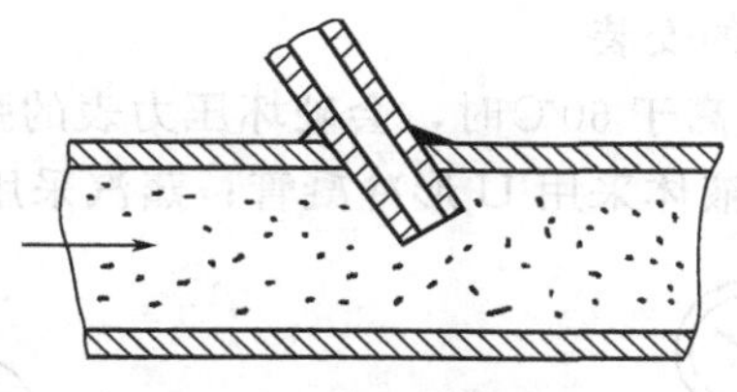

图 0-2 多粉尘取压管安装

⑤ 在水平或倾斜管道上取压，根据介质不同，取压点位置如图 0-3 所示。

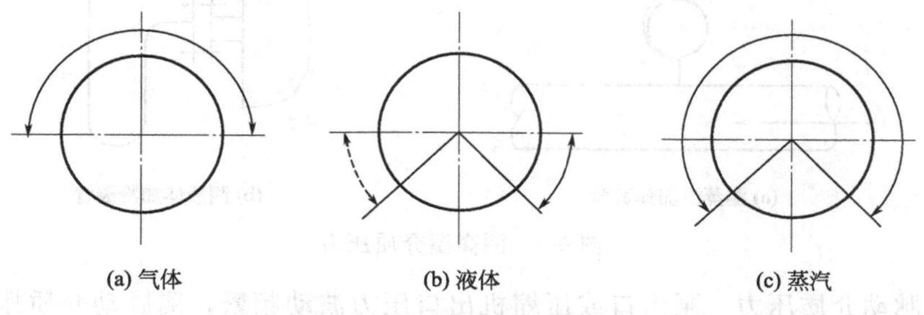

图 0-3 不同介质取压点方位

测量气体压力时，取压点在管道的上半部。

测量液体压力时，取压点在管道的下半部与管道的水平中心线 0°～45°的范围内。

测量蒸汽压力时，取压点在管道的上半部、下半部与管道水平中心线成 0°～45°的范围内。

⑥ 测量高于 60℃的液体、蒸汽和易凝气体的压力时，就地安装的压力表取源部件应加

装环形或 U 形冷凝弯。

0.1.4.2　压力表安装

（1）一般压力表的安装

压力表是生产中运用最多的仪表，安装方法比较简单，多采取单块表就地安装方式，如图 0-4 所示。

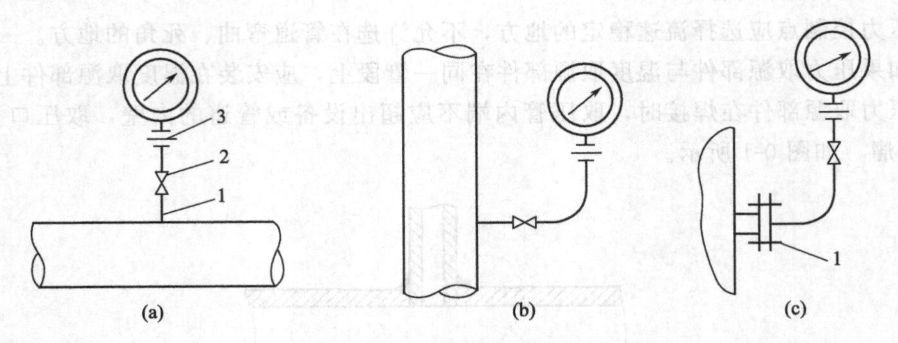

图 0-4　压力表就地安装

1—取压管；取压法兰；2—根部阀；3—压力表接头

有的场合也可以将压力表集中安装在支架上或表盘上。集中安装压力表的支架高度，要符合下列要求：中、低压压力表在 1.5～1.6m 左右，与人视线相平；高压压力表安装在操作岗位附近时，宜与地面相距 1.8m 以上，高于人的头部，为保证安全，在压力表正面应加有机玻璃防护罩。

（2）测量特殊介质压力表的安装

① 测高温介质压力　温度高于 60℃时，会破坏压力表的弹性元件从而引起误差，此时，应该加冷凝管或弹簧弯。一般液体采用 U 形冷凝管；蒸汽采用弹簧弯，如图 0-5 所示。

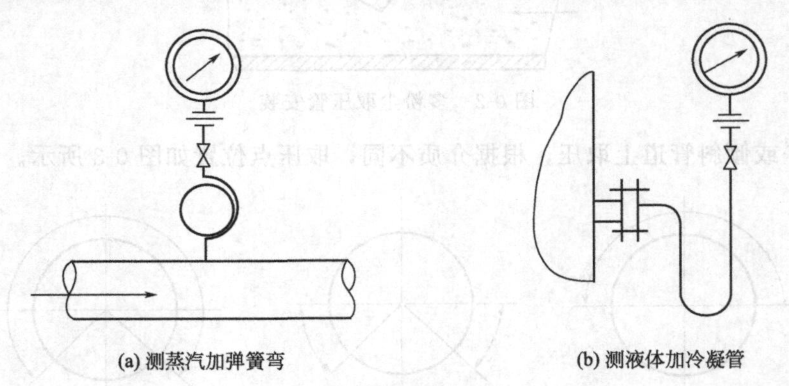

图 0-5　测高温介质压力

② 测量脉动介质压力　泵出口或压缩机出口压力波动频繁，测脉动介质压力时会使压力表指针不停地摆动，既无法看清仪表指示值，又很容易损坏仪表。因此，一般采取以下措施：

- 加缓冲罐，测量气体时，利用缓冲罐增加气容量、减少波动，如图 0-6(a) 所示；
- 加限流孔板，以增加阻尼减少脉动，如图 0-6(b) 所示，用调节根部阀开度的方法也可；
- 对脉动非常大的压力测量，可同时采用缓冲罐和限流孔板。

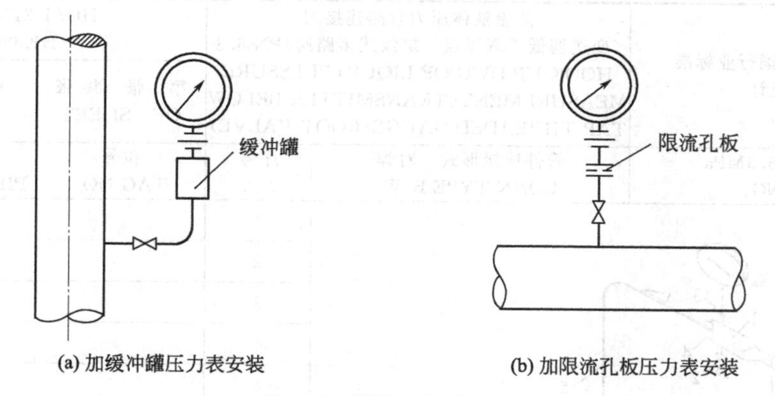

(a) 加缓冲罐压力表安装　　(b) 加限流孔板压力表安装

图 0-6　测脉动介质压力

③ 测腐蚀性介质压力　在测腐蚀性介质的场合，为防止仪表及检测元件受腐蚀，可采用隔离法，利用介质与隔腐液密度不同，将介质与仪表分开，如图 0-7 所示。

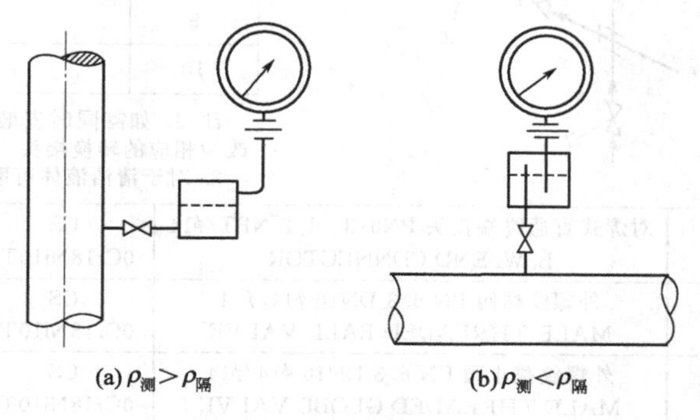
(a) $\rho_{测}>\rho_{隔}$　　(b) $\rho_{测}<\rho_{隔}$

图 0-7　测腐蚀性介质压力

④ 测勃性或易结晶介质压力　在测勃性或易结晶介质场合，可采用隔离法。必要时还可以加伴热管。

⑤ 测有粉尘或有沉淀物介质压力　对于多粉尘沉淀物的气体，为防止管道仪表堵塞，可在取压口处安装除尘器，如图 0-8 所示。

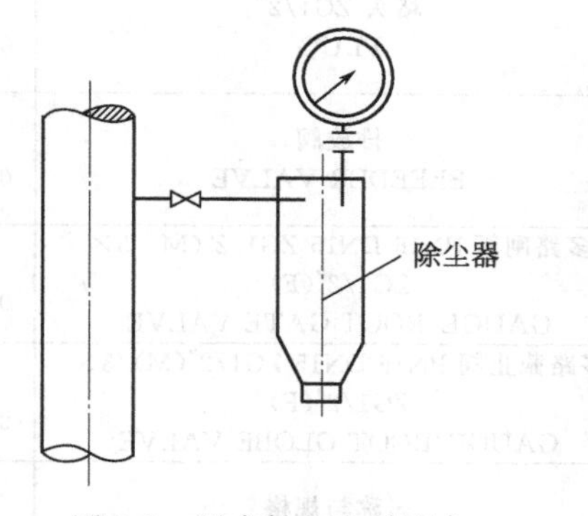

图 0-8　测多粉尘介质压力

(3) 压力变送器安装

压力变送器（包括差压变送器）一般按施工图安装，所用导压管、阀门安装方式按图施工。图 0-9 为压力变送器标准安装示意图。

中华人民共和国行业标准 标准设计	测量液体压力管路连接图 (变送器低于取压点 螺纹式多路阀)PN 6.3 HOOK-UP DWG OF LIQUID PRESSURE MEASUREMENT(TRANSMITTER BELOW TAP THREADED GAUGE/ROOT VALVE)	HG/T 21581—95 HK 06-5 第 张 共张 OF SHEET / 总 张 第 张 OF TOTAL
压力等级:6.3MPa RATING:	管件连接形式 对焊 CONN TYPE B. W	

序号 NO.	位号 TAG NO.	管道或设备号 PIPE(VESSEL)NO.
1		
2		
3		
4		
5		
6		
7		
8		
9		
10		

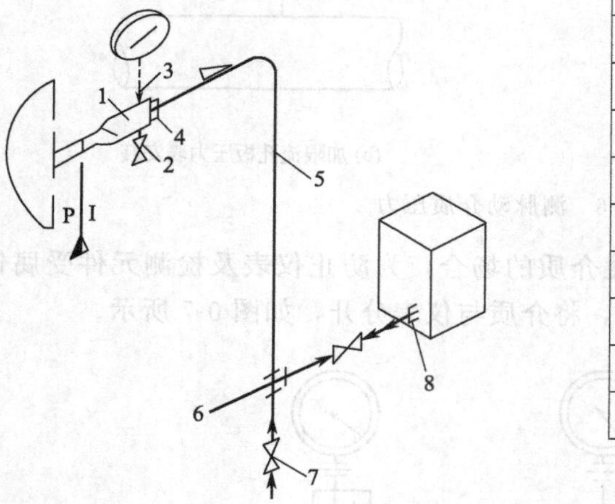

注:1. 如需同时安装压力开关等仪表时,件号 3 改为相应的转换接头。
2. 对于清洁液体可取消排放阀和三通。

件号 NO.	代码 CODE	图号与标准件 DWG& STD. NO.	名称与规格 NAME& SIZE	材料 MATERIAL	数量 O'TY	备注 REMARKS
8	FB010 FB055		对焊式直通终端接头 PN6.3 1/2″NPT/ϕ14 B. W. END CDNNECTOR	CS 0Cr18Ni10Ti	1	
7	VB212 VB217	Q21F-64	外螺纹球阀 PN 6.3 DN10 ϕ14/ϕ14 MALE THREADED BALL VALVE	CS 0Cr18Ni10Ti	2	
	VC210 VC211	J21W-64C J21W-64P	外螺纹截止阀 PN 6.3 DN10 ϕ14/ϕ14 MALE THREADED GLOBE VALVE	CS 0Cr18Ni10Ti	2	
6	FB167 FB182		对焊式三通接头 PN6.3 ϕ14 B. W TEE	CS 0Cr18Ni10Ti	1	
5	PL005 PL205	GB 8163—87 GB 2270—80	无缝钢管 ϕ14×2 SEAMLESS STEEL TUBE	CS 0Cr18Ni10Ti		
4	FB009 FB054		对焊式直通终端接头 PN 6.3 ZG1/2″/ϕ14 B. W END CDNNECTOR	CS 0Cr18Ni10Ti	1	
3			堵头 ZG1/2″ PLUG	CS 0Cr18Ni10Ti	1	由多路阀配套 WITH GAUGE/ ROOT VALVE
2			排放阀 BLEEDER VALVE	CS 0Cr18Ni10Ti	1	由多路阀配套 WITH GAUGE/ ROOT VALVE
1	VM102 VM107		多路闸阀 PN16 DN15 ZG1/2″(M)/3× ZG1/2″(F) GAUGE/ROOT GATE VALVE	CS 0Cr18Ni10Ti	1	
	VM122 VM127		多路截止阀 PN16 DN15 ZG1/2″(M)/3× ZG1/2″(F) GAUGE/ROOT GLOBE VALVE	CS 0Cr18Ni10Ti	1	

安装材料图 INSTALLATION MATERIAL LIST

图 0-9 压力变送器标准安装示意图 (1″=0.0254m)

0.1.5 流量仪表安装

流量仪表的种类很多，按测量原理可分为容积式、速度式、差压式和质量式等。其中差压式流量计在化工炼油生产中应用广泛，也是目前生产中使用最多的流量测量仪表之一，所以本节重点介绍差压流量计安装。

0.1.5.1 取源部件安装

差压式流量计由节流装置、导压管和差压计或变送器及其显示仪表三部分组成。

（1）节流装置种类和取压方式

节流装置分为标准节流装置和非标准节流装置两种。最常用的标准节流装置有标准孔板、标准文丘里管、标准文丘里和标准喷嘴四种。

节流装置取压方式有角接取压、法兰取压、理论取压和径距取压等。

（2）节流装置安装对管道的要求

① 节流装置安装有严格的直管道要求。在规定的直管段最小长度范围内，不得安装其他取源部件或检测元件。直管段管子内表面应清洁，无突出物。

② 在节流件上游安装温度计时，温度计与节流件间直管段应符合《自动化仪表工程施工及验收规范》（GB 50093—2002）要求。在节流件下游安装温度计时，温度计与节流件的直管段距离应大于 5 倍管道内径。

③ 节流装置在水平管道或垂直管道上安装时，取压口方位，如图 0-10 所示。

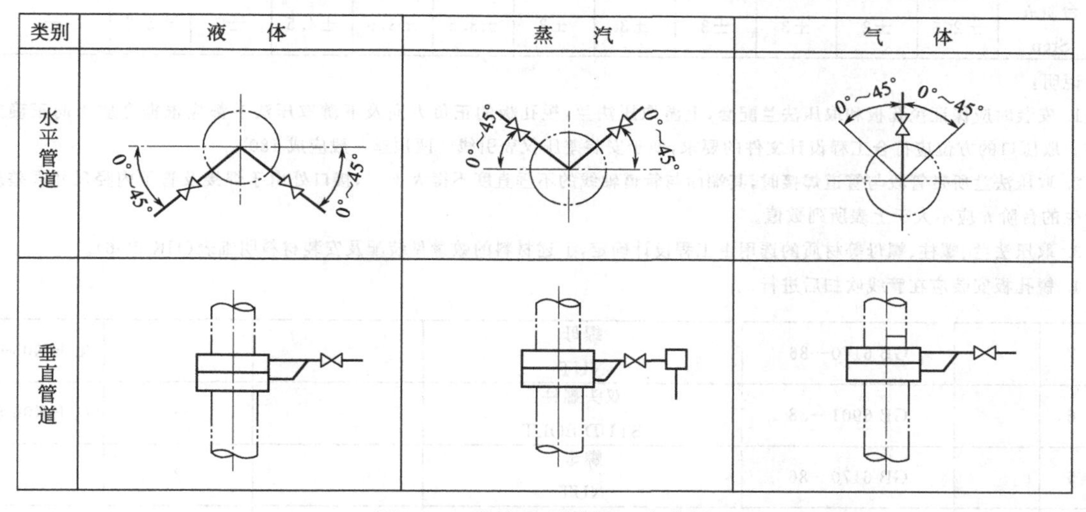

图 0-10　节流装置取压口方位图

④ 孔板或喷嘴采用单独钻孔的角接取压时，安装时要符合下列规定。

上、下游取压孔轴线，分别与孔板或喷嘴上、下游侧端面间的距离应等于取压孔直径的 1/2，取压孔的直径宜在 4～10mm 之间，上、下游侧取压孔的直径要相等。取压孔的轴线要与管道的轴线垂直相交。

⑤ 孔板采用法兰取压时，安装时要符合下列规定。

上、下游侧取压孔的轴线与上、下游侧端面间的距离为：当 $\beta>0.6$ 且 $D<150$mm 时，为 25.4mm±0.5mm；当 150mm$\leqslant D\leqslant$1000mm 时，为 25.4mm±1mm。取压孔的直径宜在 6～12mm 之间，上、下游侧取压孔的直径要相等；取压孔的轴线要与管道的轴线垂直相交。

中华人民共和国 行业标准 标准设计	PN6.3MPa 同心锐孔板(DN50～400) 装配及安装图 STANDARD ORIFICE INSTL. DWG.	HG/T 21581—95 HK06-5 第 张 共 张　总 张 第 张 OF SHEET　OF TOTAL

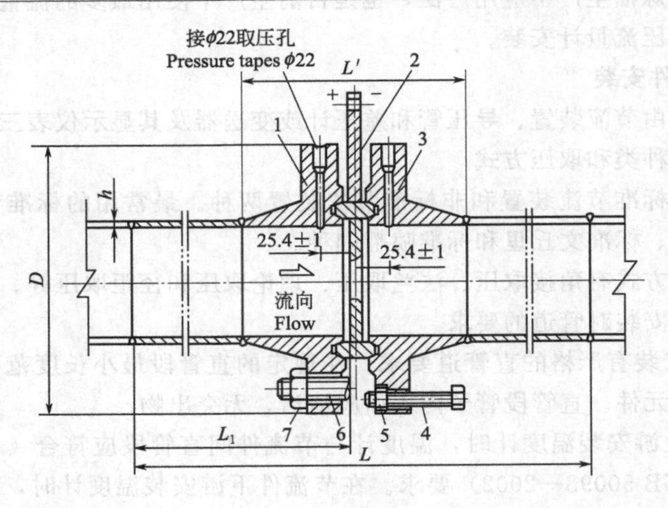

单位:mm

公称直径 Nomi. size	50	65	80	100	125	150	175	200	250	300	350	400
台阶 h Step	±2.5	±3	±3	±3	±3	±3	±3.5	±3.5	±4.5	±5	±5.5	±6

说明:

1. 安装时应保证锐孔板和取压法兰配套,上游取压法兰,锐孔板的正负方向及下游取压法兰都应根据介质流向正确安装。取压口的方位应符合工程设计文件的要求,便于安装差压仪表引线。两顶丝一般应成180°。

2. 取压法兰所带管段与管道焊接时,其端面与管道轴线的不垂直度不得大于1°,接口处由于焊接及管子内径尺寸误差所产生的台阶 h 应不大于上表所列数值。

3. 取压法兰、螺柱、螺母等材质的选用由工程设计确定,上述材料的数量见装配及安装材料明细表(HK 06-6)。

4. 锐孔板安装应在管线吹扫后进行。

件号 NO.	代码 CODE	图号与标准件 DWG& STD. NO.	名称与规格 NAME& SIZE	材料 MATERIAL	数量 O'TY	备注 REMARKS
7		GB 6170—86	螺母 NUT		—	见 HK06-6
6		GB 6901—88	双头螺柱 STUD BOLT		—	见 HK06-6
5		GB 6170—86	螺母 NUT		2	
4		GB 5783—86	顶丝 JACK BOLT		2	
3			下游取压法兰 DOWNARD ORIFICE FLANGE		1	
2			同心锐孔板 STANDARD ORIFICE		1	
1			上游取压法兰 UPWARD ORIFICE FLANGE		1	

安装材料图 INSTALLATION MATERIAL LIST

图 0-11 法兰取压节流装置安装

⑥ 孔板采用 D 或 $D/2$ 取压时，安装时要符合下列规定。

上游侧取压孔的轴线与孔板上游侧端面间的距离应等于 $D\pm0.1D$；下游侧取压孔的轴线与孔板上游侧端面间的距离，当 $\beta\leqslant0.6$ 时，等于 $0.5D\pm0.02D$；当 $\beta>0.6$ 时，等于 $0.5D\pm0.01D$；取压孔的轴线应与管道轴线垂直相交；上、下游侧取压孔的直径应相等。

⑦ 用均匀环取压时，取压孔在同一截面上要设置均匀，上、下游侧取压孔的数量必须相等。

（3）节流装置安装

节流装置直接安装在工艺管道上，用法兰固定。仪表工负责配有取压管、根部阀，并有位号的节流装置，取出节流件后交给管工。由管工将法兰盘安装在符合仪表测量要求的管段上。节流装置安装如图 0-11 所示。

其他流量计取源部件安装，也要符合设计文件和产品技术文件的有关规定。

0.1.5.2 流量检测仪表安装

（1）节流件安装

在管道吹扫、清洗完后，试压之前，仪表工要将节流件装入节流装置中，安装时要使节流装置、垫片、管道三者同心，可用钢板尺插入两片法兰中间，法兰边沿到节流装置边沿的尺寸应相同，并应达到同心的要求。拧螺栓时要均匀用力，并按对角顺序均匀坚固。

节流件安装要注意以下事项。

① 节流件必须在管道吹扫、清洗后，试压之前安装。

② 安装前应进行外观检查，孔板的入口、喷嘴的出口边缘应无毛刺、圆角和可见损伤，并按设计数据和制造标准规定测量验证其制造尺寸，并且填写《隐藏工程记录》。

③ 安装前进行清洗时不要划伤节流件。

④ 节流件的安装方向是流体从节流件的上游端面流向节流件的下游端面。孔板的锐边或喷嘴的曲面侧要迎着被测流体的流向，不可装反。

⑤ 在水平和倾斜的管道上安装的孔板或喷嘴，若有排泄孔时，排泄孔的位置为：当流体是液体时，应在管道的正上方；当流体是气体或蒸汽时，应在管道的正下方。

⑥ 环室上有“＋”号的一侧应在被测流体流向上游侧，当用箭头标明流向时，箭头的指向要与设计被测流体的流向一致。

⑦ 节流件的端面要垂直于管道轴线，其允许偏差为1°。

⑧ 安装节流件的密封垫片的内径不应小于管道内径，夹紧后不得突入管道内壁，否则会影响测量的准确性，产生较大的测量误差。

⑨ 节流件与管道或夹持件同轴，其轴线与上、下游道轴线之间的不同轴线误差 e_x 要符合下式的要求。

$$e_x\leqslant\frac{0.0025D}{0.1+2.3\beta^4}$$

式中 D——管道内径；

β——工作状态下节流件的内径与管道内径之比。

（2）差压变送器安装

目前与节流装置配套的流量计最常用的是差压变送器。差压变送器大多数安装于现场保温箱内。室内差压变送器一般是裸露安装的，可安装在支架上，也可固定于墙壁上。

中华人民共和国行业标准 标准设计	测量液体流量管路连接图 (差压仪表低于节流装置三阀组) HOOK-UP DRAWING OF LIQUID FLOW MEASUREMENT(D/P TRANSMITTER BELOW TAP 3-VALVE MANIFOLD)	HG/T 21581—95 HK 03-115	
		第 张 共 张 OF SHEET	总 张 第 张 OF TOTAL

压力等级:6.3MPa RATING:	管件连接形式:对焊式连接方式 CONN TYPE:BUTT-WELDING CONNECTION	序号 NO.	位号 TAG NO.	管道或设备号 PIPE(VESSEL)NO.
		1		
		2		
		3		
		4		
		5		
		6		
		7		
		8		
		9		
		10		

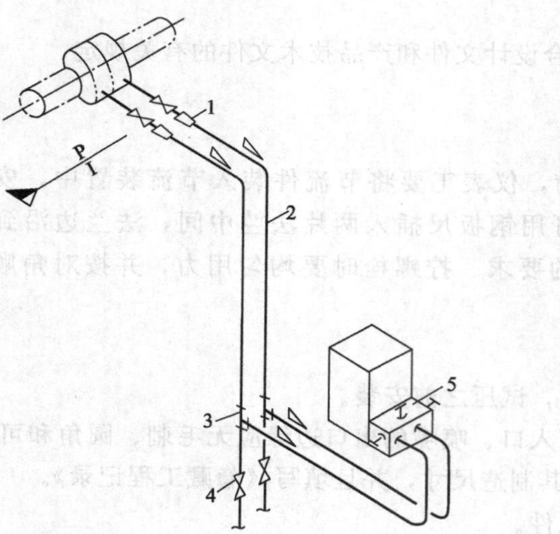

件号 NO.	代码 CODE	图号与标准件 DWG& STD. NO.	名称与规格 NAME& SIZE	材料 MATERIAL	数量 Q'TY	备注 REMARKS
5	VM301 VM302		三阀组 PN16 DN5 3-VALVE MANIFOLD	CS 0Cr18Ni10Ti	1	附接头 ϕ14 WITH CONNECTOR
4	VB212 VB217	Q21F-64	外螺纹球阀 PN 6.3 DN10 ϕ14/ϕ14 MALE THREADED BALL VALVE	CS 0Cr18Ni10Ti	2	
	VC210 VC211	J21W-64C 64P	外螺纹截止阀 PN 6.3 DN10 ϕ14/ϕ14 MALE THREADED GLOBE VALVE	CS 0Cr18Ni10Ti	2	
3	FB167 FB182		对焊式三通中间接头 PN6.3ϕ14 B. W TEE	CS 0Cr18Ni10Ti	2	
2	PL005 PL205	GB 8163—87 GB 2270—80	无缝钢管 ϕ14×2 SEAMLESS STEEL PIPE	CS 0Cr18Ni10Ti		
1	FB009 FB054		对焊式异径活接头 PN6.3 ϕ22/ϕ14 B. W REDUGING UNION	CS 0Cr18Ni10Ti	2	

安装材料图 INSTALLATION MATERIAL LIST

图0-12 测量液体流量管路连接图

用差压变送器测量流量配测量管道时，应注意正、负导压管要始终保持同样的高度，辅助容器（如冷凝器、隔离器、集气器等）也必须保持相同高度，避免产生附加静压误差。

变送器与节流装置的相对位置不同，其测量管道敷设方式也不同，但无论位置如何变化，安装原则不变。即测液体介质时，测量管道应倾斜向变送器，使测量管道中装满液体，并在保温箱上安装排气阀，排除液体介质中的气体。测量气体介质时，测量管道倾斜向节流装置，使测量管道中充满气体。并在保温箱下方安装排污阀，排除测量管道中的液体。

测量液体流量管路连接如图 0-12 所示。

（3）其他流量检测仪表安装要求

① 转子流量计应安装在无振动的管道上，其中心线与铅垂线间的夹角不应超过 2°，被测流体流向必须自下而上，上游直管段长度不宜小于 2 倍管子直径。当被测介质温度高于 70℃时，应加防护罩，以防冷水溅到玻璃管上，管子破裂被测介质喷出。

② 靶式流量计靶的中心应与管道轴线同心，靶面应迎着流向且与管道轴线垂直，上、下游直管段长度应符合设计文件要求。当被测量温度较高时，还需配冷却水管。靶式变送器必须在工艺管道吹扫后、试压之前安装。

③ 电磁流量计安装时要使流量计外壳、被测流体和管道连接法兰三者之间等电位连接，并接地；在垂直的管道上安装时，被测流体的流向应自下而上，在水平的管道上安装时，两个测量电极不应在管道的正上方和正下方；流量计上游直管段长度和安装支撑方式按施工图施工。

④ 涡轮流量计信号要使用屏蔽线，上、下游直管段的长度应符合设计文件要求，前置放大器与变送器间的距离宜小于 3m。

⑤ 涡街流量计信号线需使用屏蔽线，上、下游直管段的长度应符合设计文件要求，放大器与流量计分开安装时，两者之间的距离应小于 20m。

⑥ 椭圆齿轮流量计入口端必须加装过滤器，防止固体颗粒卡住齿轮。椭圆齿轮流量计的刻度盘应处于垂直平面内。椭圆齿轮流量计和腰轮流量计在垂直管道上安装时，管道内流体流向应自下而上。

⑦ 超声波流量计上、下游直管段长度应符合设计文件要求。对于水平管道，换能器的位置应在与水平直径成 45°的范围内。被测管道内壁不应有影响测量精度的结垢层或涂层。

⑧ 均速管流量计的安装要符合下列规定。流量检测元件的取源部件的轴线与管道轴线必须垂直相交；总压侧孔应迎着流向，其角度允许偏差应小于 3°；检测杆应通过并垂直于管道中心线，其偏离中心和与轴线不垂直的误差均应小于 3°；流量计上、下游直管段的长度要符合设计文件要求。

0.1.6 物位仪表安装

常用的物位仪表有：差压式液位变送器、浮筒式液位计、内浮球液位计、玻璃板液位计、电磁式液位计和辐射式液位计等。

0.1.6.1 取源部件安装

物位仪表取源部件现在一般由工艺施工人员来安装，安装时应注意以下几点。

① 物位仪表取源部件的安装位置，应选在物位变化灵敏且不使检测元件受到物料冲击的地方。

② 内浮筒液位计和浮球液位计采用导向管或其他导向装置时，导向装置必须垂直安装，

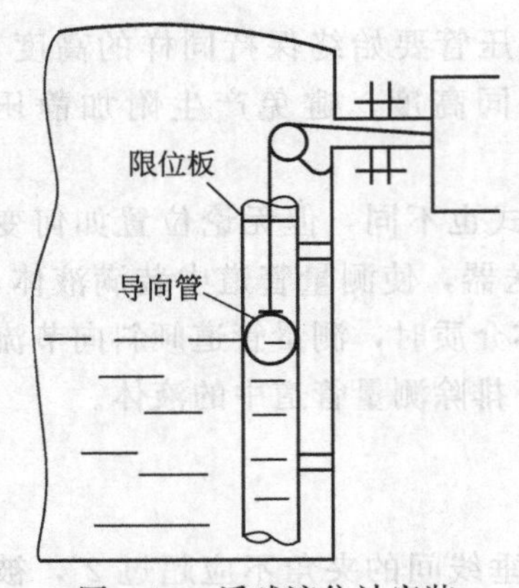

图 0-13　浮球液位计安装

而且保证液流畅通。

③ 安装浮球式液位仪表的法兰短管必须保证浮球能在测量范围内随液位变化自由活动。并在短管中安装限位板，以防浮球脱出，如图 0-13 所示。

④ 电接点水位计的测量筒必须垂直安装，筒体零水位电极的中轴线与被测容器正常工作时的零水位线应处于同一高度。

⑤ 静压液位计取源部件的安装位置应远离液体进出口。避免因静压随液体流动而发生波动，产生误差。

⑥ 双室平衡容器的安装要符合下列规定：安装前应复核制造尺寸，检查内部管道的严密性。应垂直安装，其中心点应与正常液位相重合。

⑦ 单室平衡容器宜垂直安装，其安装标高要符合设计文件规定。

⑧ 补偿式平衡器安装固定时，应有防止因被测容器的热膨胀而损坏的措施。

0.1.6.2　物位检测仪表安装

（1）物位检测仪表安装要求

① 浮力式液位计的安装高度应符合设计文件规定。

② 浮筒液位计的安装应使筒呈垂直状态，浮筒中心处于正常操作液位或分界液位的高度。从设备取源口到液位计，除安装必要的连接管件、阀门外，要尽量缩短距离，并且一定要水平，外浮筒液位计安装如图 0-14 所示。

③ 钢带液位计的导管必须垂直安装，钢带应处于导管的中心，而且要滑动自如。

④ 用差压计或差压变送器测量液位时，仪表安装高度不能高于下部取压口，否则会产生无法克服的误差。

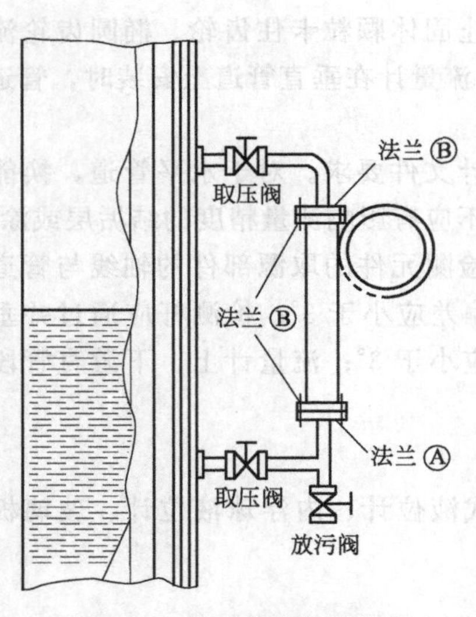

图 0-14　外浮筒液位计安装

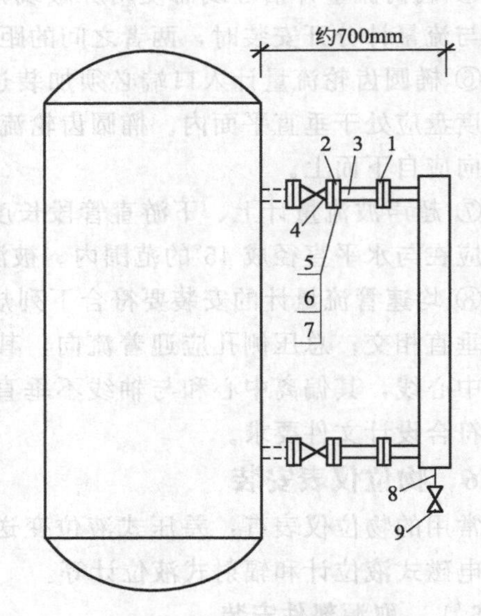

图 0-15　玻璃板液位计安装图

1—对焊法兰螺栓螺母垫片；2—对焊凸面法兰；3—加厚短管；4—法兰闸阀；5—缠绕式垫片；6—双头螺栓；7—螺母；8—玻璃板液位计放空接头；9—内螺纹截止阀

中华人民共和国行业标准 标准设计	差压式测量有压设备液面管路连接图 （三阀组带冷凝容器）PN16 HOOK-UP DWG. OF LEVEL MEASUREMENT FOR PRESSURIZED VESSEL BY D/P CELL（3-VALVE MANIFOLD WITH CONDENSATE POT）		HG/T 21581—95 HK 04-117	
			第 张 共 张 OF SHEET	总 张 第 张 OF TOTAL
压力等级：16MPa RATING：	管件连接形式：对焊式连接方式 CONN TYPE：BUTT-WELDING CONNECTION	序号 NO.	位号 TAG NO.	管道或设备号 PIPE（VESSEL）NO.
		1		
		2		
		3		
		4		
		5		
		6		
		7		
		8		
		9		
		10		

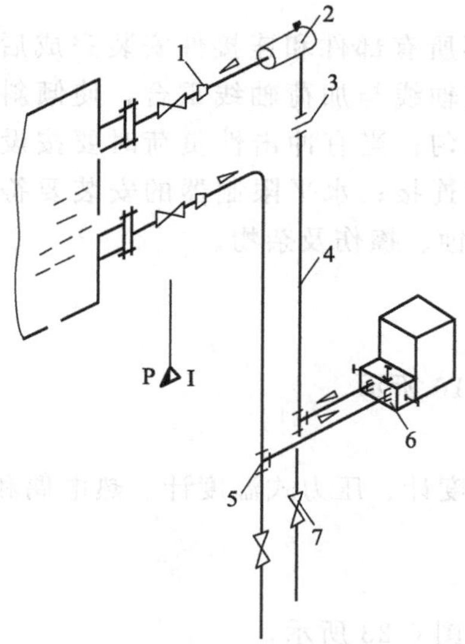

件号 NO.	代码 CODE	图号与标准件 DWG& STD. NO.	名称与规格 NAME& SIZE	材料 MATERIAL	数量 O'TY	备注 REMARKS
7	VB221 VB226		外螺纹球阀（带外套螺母）PN 16 DN5 ϕ14/ϕ14 MALE THREADED BALL VALVE （WITH BELL NUT）	CS 0Cr18Ni10Ti	2	
	VC221 VC223	J 21W-160C J 21W-160P	外螺纹截止阀（带外套螺母）PN16 DN10 ϕ14/ϕ14 MALE THREADED GLOBE VALVE	CS 0Cr18Ni10Ti	2	
6	VM301 VM302		三阀组 PN16 DN5 3-VALVE MANIFOLD		1	附对焊式接头 ϕ14 WITH B. W UNION
5	FB171 FB186		对焊式三通中间接头 PN16ϕ14 B. W TEE	CS 0Cr18Ni10Ti	2	
4	PL105 PL222	GB 8163—87 GB 2270—80	无缝钢管 ϕ14×2 TUBE（SMLS）	20 0Cr18Ni10Ti		
3	FB112 FB135		对焊式直通中间接头 PN16ϕ14 B. W UNION	CS 0Cr18Ni10Ti		
2	CC004 CC005		对焊冷凝容器 PN 16 DN100ϕ14 B. W CONDENSATE POT	20 0Cr18Ni10Ti	1	
1	FF015 FF016		对焊式异径活接头 PN6. 3 ϕ22/ϕ14 B. W REDUGING UNION	CS 0Cr18Ni10Ti	2	

安装材料图 INSTALLATION MATERIAL LIST

图 0-16　差压式测量有压设备液面管路安装图

注：利用吹气法及低沸点液体汽化传递压力的方法测量液位时，不受此规定限制。

⑤ 双法兰式差压变送器毛细管的敷设应有保护措施，防止将毛细管损坏，其弯曲半径不应小于 50mm，周围温度变化剧烈时应采取隔热措施。

⑥ 核辐射式物位计安装前应编制具体的安装方案，安装中的安全防护措施，必须符合有关放射性同位素工作卫生防护国家标准的有关规定。安装现场应有明显的警戒标志，无关人员一律不得随意进入。

⑦ 称重式物位计的安装要符合以下规定。

负荷传感器的安装和承载应在称重容器及其所有部件和连接件安装完成后进行；负荷传感器的安装应呈垂直状态，保证传感器的主轴线与加荷轴线重合，使倾斜负荷和偏心负荷的影响减至最小，各个传感器的受力应均匀；当有冲击性负荷时要按设计文件要求采取缓冲措施；称重容器与外部的连接应为软连接；水平限制器的安装要符合设计要求。传感器的支撑面及底面均应平滑，不得有锈蚀、擦伤及杂物。

（2）物位检测仪表安装实例

玻璃板液位计在设备上安装如图 0-15 所示。

差压式测量有压设备液面管路安装图如图 0-16 所示。

0.1.7 温度仪表安装

常用测温仪表有双金属温度计、玻璃液体温度计、压力式温度计、热电偶和热电阻。

0.1.7.1 取源部件安装

（1）安装方式

常用温度仪表取源部件安装形式如图 0-17～图 0-23 所示。

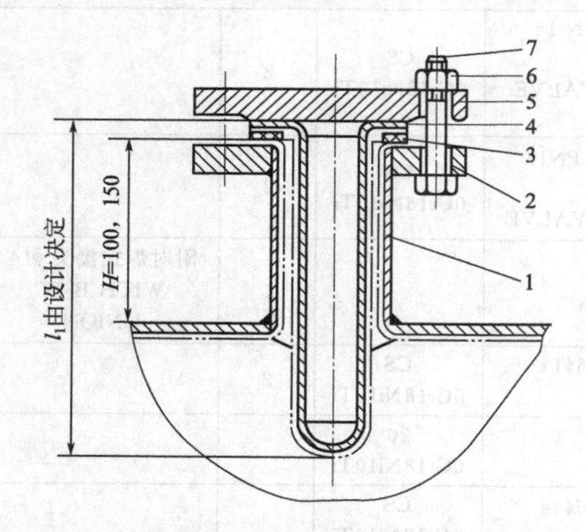

图 0-17 温度计用光滑面搭焊法兰接管在衬里（涂层）管道、设备上焊接（带附加保护套）（单位：mm）

1—接管；2—法兰；3—垫片；4—衬（涂）层保护外套；5—法兰盖；6—螺母；7—螺栓

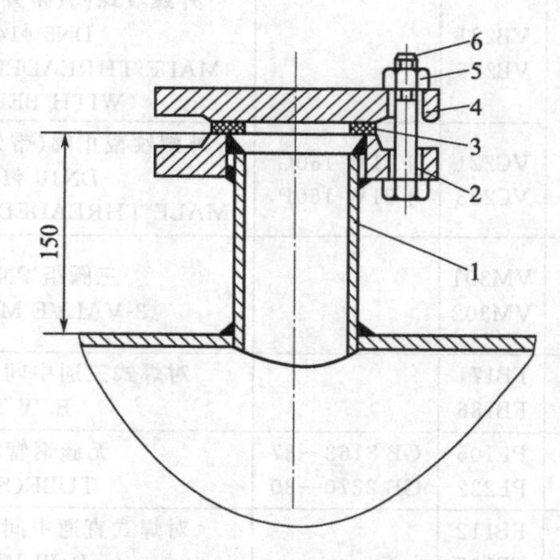

图 0-18 温度计用平焊法兰接管在钢管道、设备上焊接（单位：mm）

1—接管；2—法兰；3—垫片；4—法兰盖；5—螺母；6—螺栓

（2）取源部件安装注意事项

① 取源部件安装位置应选在被测介质温度变化灵敏并具有代表性的地方，不能选在阀门等阻力部件附近、介质流速呈死角处以及振动较大的地方。

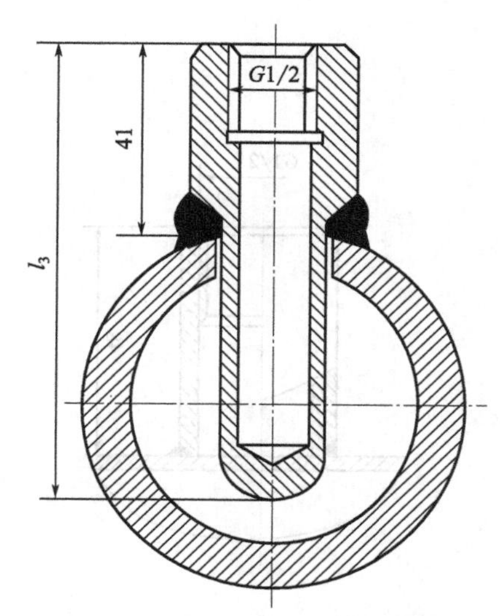

图 0-19　温度计高压套管在钢管道上焊接（长度单位：mm）

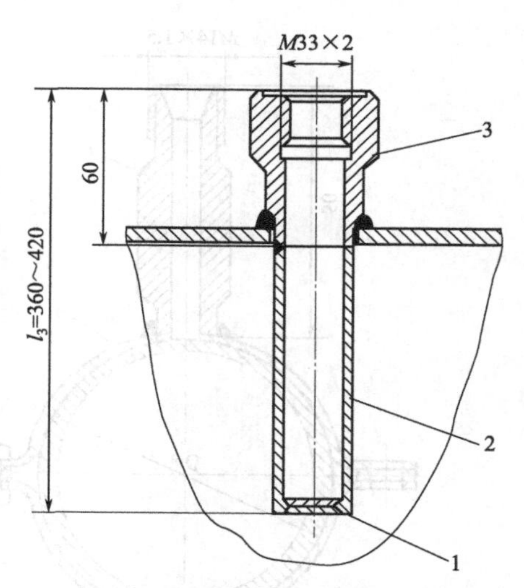

图 0-20　温包连接头及附加保护套在钢或耐酸钢设备上焊接（长度单位：mm）

1—底；2—套管；3—直形连接头

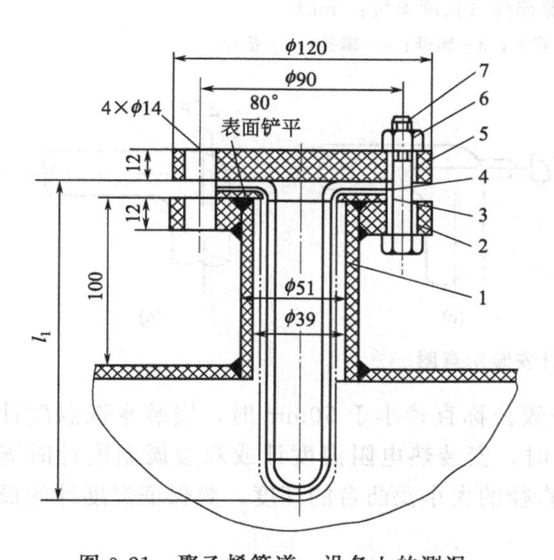

图 0-21　聚乙烯管道、设备上的测温取源部件（长度单位：mm）

1—接管；2—法兰；3—垫片；4—衬（涂）层保护外套；5—法兰盖；6—螺母；7—螺栓

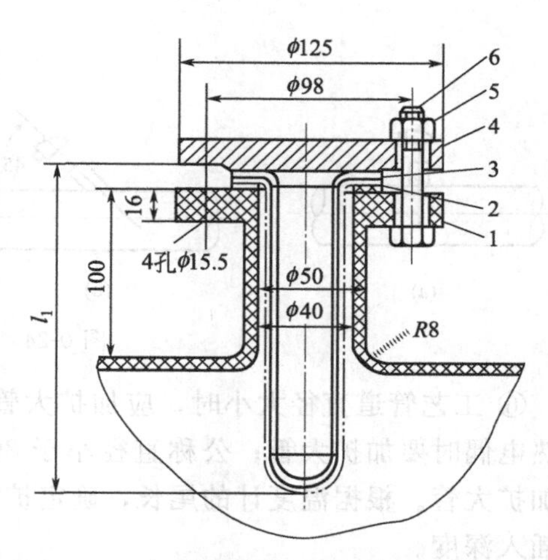

图 0-22　玻璃钢管道、设备上的测温取源部件（长度单位：mm）

1—法兰；2—光滑面法兰垫片；3—衬（涂）层保护外套；4—法兰盖；5—螺母；6—螺栓

② 管道上测温元件的感温部分，要处于管道中心介质流速最大区域，保护管末端要超过管道中心线。超过的长度要符合设计规定。

③ 与管道垂直安装时，取源部件轴线应与管道轴线垂直相交，如图 0-24(a) 所示。

④ 与管道呈倾斜角度安装时，宜逆着物料流向，取源部件轴线应与管道轴线相交，如图 0-24(b) 所示。

⑤ 在管道的拐弯处安装时，宜逆着物体流向，取源部件轴线应与工艺管道轴线相重合，如图 0-24(c)、(d) 所示。

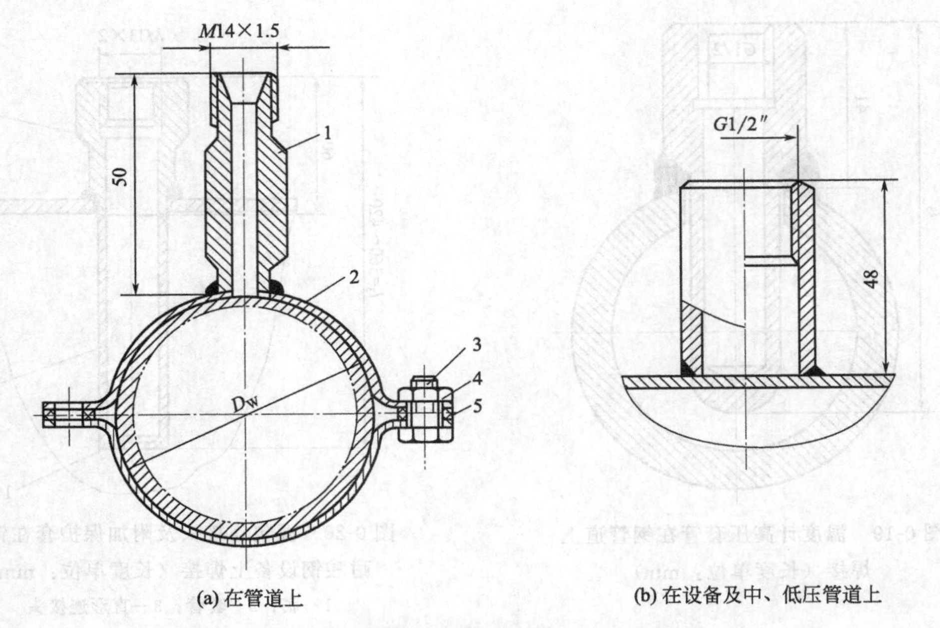

(a) 在管道上　　(b) 在设备及中、低压管道上

图 0-23　测表面温度的取源部件（长度单位：mm）

1—铠装热电偶连接头（卡套式）；2—管卡；3—螺母；4—螺栓；5—垫片

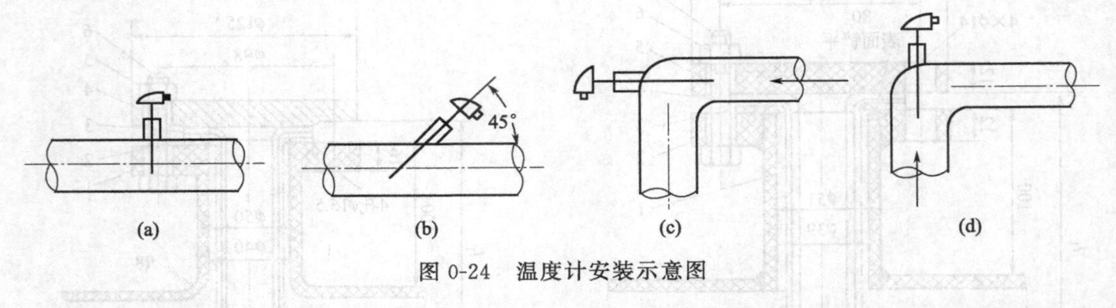

图 0-24　温度计安装示意图

⑥ 工艺管道直径太小时，应加扩大管。一般公称直径小于 50mm 时，安装水银温度计或热电偶时要加扩大管；公称直径小于 80mm 时，安装热电阻温度计或双金属温度计时需要加扩大管。根据温度计的尾长，确定扩大管直径的大小及凸台的高度，要保证温度计的最大插入深度。

扩大管的材质应与工艺管道材质相同。当工艺管道垂直时，应采用同心扩大管；当工艺管道水平时，应根据被测介质和工艺要求采用同心或偏心扩大管。扩大管制作安装要符合设计文件规定。扩大管安装如图 0-25 所示。

0.1.7.2　温度检测仪表安装

(1) 测温元件的安装方式

测温元件安装按固定形式可分四种：法兰固定安装、螺纹连接固定安装、法兰和螺纹连接共同固定安装、简单保护套插入安装。

① 法兰固定安装适用于高温、腐蚀性介质的中、低压管道上安装测量元件。具有适应性广、利于防腐蚀、方便维护等优点。

② 螺纹连接固定安装一般适用于在无腐蚀性介质的管道上安装温度计，炼油厂按习惯常采用这种安装方式。具有体积小、安装紧凑等优点。高压（PN22MPa，

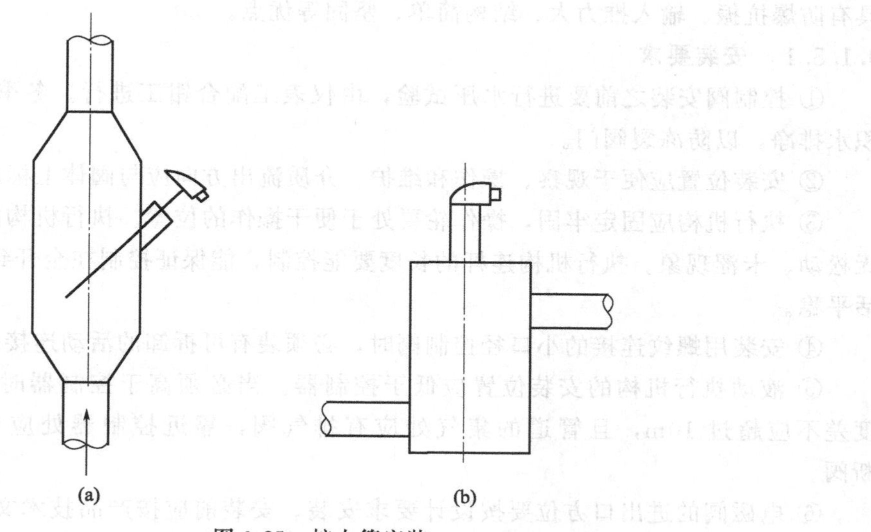

图 0-25 扩大管安装

PN32MPa）管道上安装温度计采用焊接式温度计套管，属于螺纹连接安装形式，有固定套管和可换套管两种形式。前者用于一般介质，后者用于易腐蚀、易磨损且需要更换的场合。

螺纹连接固定中的螺纹有五种，英制的有1″、3/4″和1/2″，公制的有M33×2和M27×2。G3/4″与M27×2外径很接近，并且也能拧进1～2扣，安装时要小心辨认，否则焊错了温度计接头（凸台）就装不上温度计了。

③ 当法兰和螺纹连接共同固定的安装方式带附加保护套时，适用于有腐蚀性介质的管道、设备上安装。

④ 简单保护套插入安装有固定套管和卡套式可换套管（插入深度可调）两种形式，适用于棒式温度计在低压管道上做临时检测的安装。

（2）温度检测仪表安装注意事项

① 工艺吹扫后，应立即安装所有的温度计，随同工艺设备、工艺管道一起试压。

② 安装热电偶、热电阻时，注意将接线盒盖子置于上面，防止油、水浸入接线盒内。

③ 在温度计保护管上焊连接件时，要将测温元件抽出来，以免使元件受损伤。抽热电偶时不能碰碎瓷环。

④ 热电偶温度计、热电阻温度计，不允许安装于强磁场区域内。

⑤ 表面温度计的感温面必须与被测对象表面紧密接触、固定牢固。

⑥ 压力式温度计的温包必须全部浸入被测对象中，毛细管的敷设应有保护措施，其弯曲半径不应小于50mm，周围温度变化剧烈时应采取隔热措施。

⑦ 测温元件安装在易受被测物料强烈冲击的位置，以及当水平安装时其插入深度大于1m或被测温度大于700℃时，应采取防弯曲措施。

⑧ 在粉尘部位安装测温元件，应采取防止磨损的保护措施。

⑨ 特殊热电偶、热电阻和仪表线路敷设应符合设计文件要求。

0.1.8 控制阀安装

执行器按能源不同分气动、电动和液动三种。目前大多数场合采用气动薄膜执行器，它具有防爆抗振、输入推力大、结构简单、坚固等优点。

0.1.8.1 安装要求

① 控制阀安装之前要进行水压试验，由仪表工配合钳工进行。冬季试压完毕要将阀内积水排净，以防冻裂阀门。

② 安装位置应便于观察、操作和维护。介质流出方向应与阀体上标志一致。

③ 执行机构应固定牢固，操作轮要处于便于操作的位置。执行机构的机械转动要灵活，无松动、卡涩现象。执行机构连杆的长度要能控制，能保证控制在全开到全关范围内动作灵活平稳。

④ 安装用螺纹连接的小口径控制阀时，必须装有可拆卸的活动连接件。

⑤ 液动执行机构的安装位置应低于控制器。当必须高于控制器时，两者间最大的高度差不应超过 10m，且管道的集气处应有排气阀，靠近控制器处应有逆止阀或自动切断阀。

⑥ 电磁阀的进出口方位要按设计要求安装。安装前应按产品技术文件的规定检查线圈与阀体间的绝缘电阻。

⑦ 当控制机构能随同工艺管道产生热位移时，执行机构的安装方式应能保证其和控制机构的相对位置保持不变。

⑧ 气动和液动执行的信号管应有足够的伸缩余量，不应妨碍执行的动作。

⑨ 工艺管道吹扫时，应将控制阀拆下放倒，以短节代替阀体，以免管道内杂物损伤阀芯，阀要同工艺管道一起试压，试压时阀置于全开位置。

0.1.8.2 配管和配线

① 执行器的配管和配线应满足控制系统要求。

② 执行器的配管宜采用 $\phi 6\times 1$ 紫铜管。大膜头执行器和气动闸阀宜采用 $\phi 8\times 1$ 紫铜管。

③ 防爆区域内配线要符合防爆设计文件规定。

④ 执行器的压缩空气等级要符合产品说明书的要求，压缩空气质量要符合设计要求。

0.1.8.3 安装实例

控制阀安装需要几个工种配合。现在，一般由工艺直接安装在管道上，工艺配管必须考虑操作条件及其对执行器的切断和旁路要求。在执行器检修时不允许工艺停车，而需安全地进行手动操作的场合，应安装切断阀和旁路阀，常见的几种工艺配合管方案如图 0-26 所示。

一般控制阀的连接管径小于管道直径，所以，两头配装大小短接头与工艺管道连接，如图 0-27 所示。

控制阀杆行程校验，膜头气密性实验，阀门定位器的安装和配管以及改换阀芯（改变控制阀芯作用方向）等工作，由仪表工负责。

阀门定位器用螺栓直接固定在阀体上，其反馈杆相连，配管一般均采用铜管，如图0-28 所示。

现场安装的仪表很多，施工时可根据设计文件和仪表出厂说明书要求进行安装。

虽然仪表种类很多，每种仪表又有各自的安装要求，但其安装方式有一定的规律，只要掌握了仪表安装的共性，就可以举一反三，逐步掌握仪表安装工艺，成为熟练的高级仪表安装技术人员。

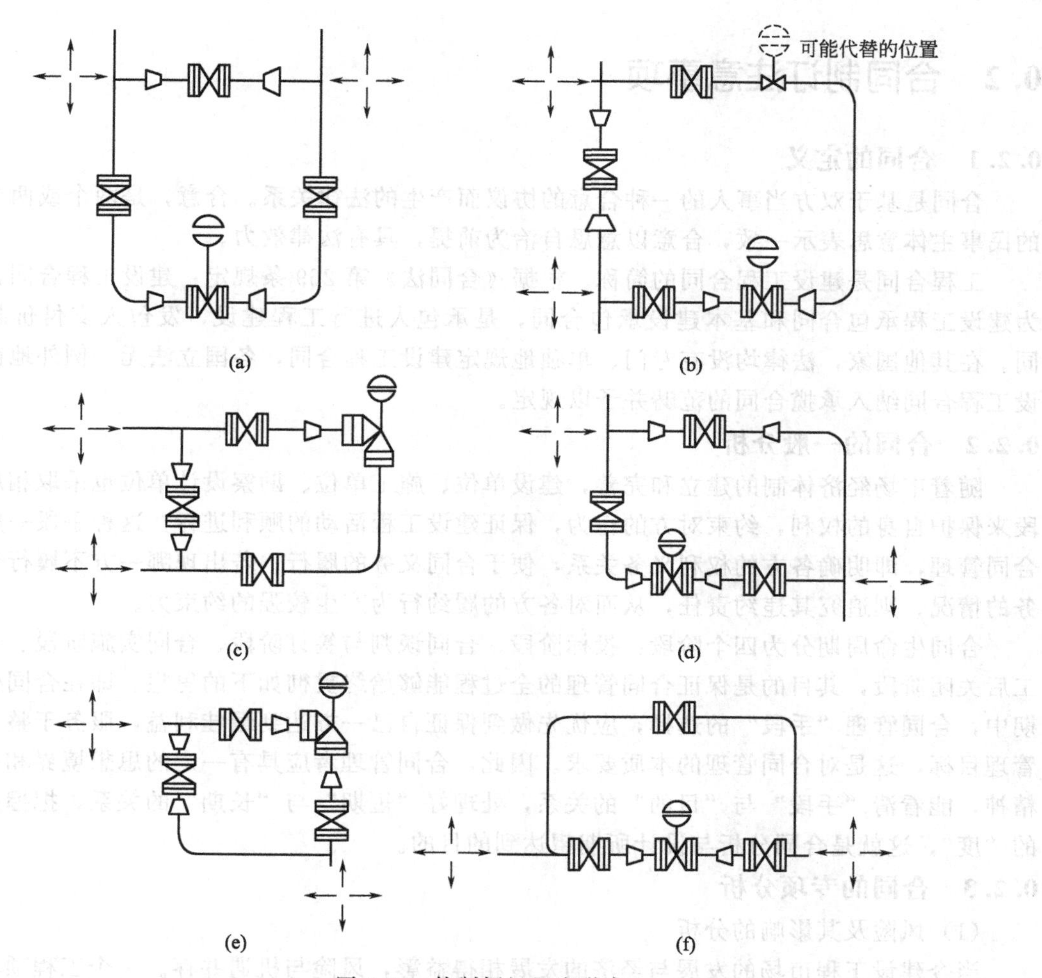

图 0-26　控制阀组组成形式

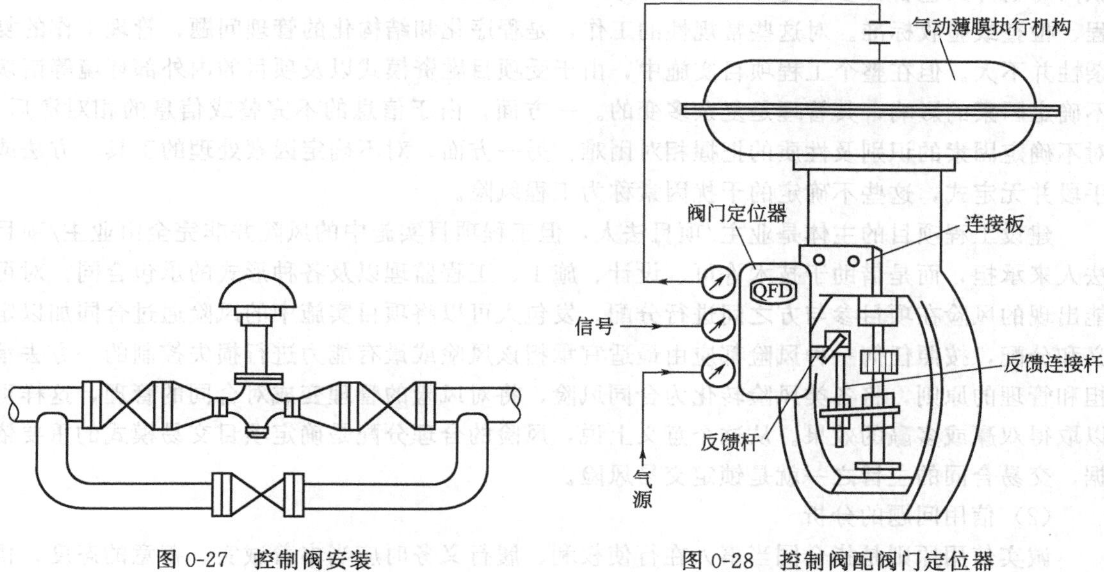

图 0-27　控制阀安装

图 0-28　控制阀配阀门定位器

0.2 合同制订注意事项

0.2.1 合同的定义

合同是基于双方当事人的一种合意的协议而产生的法律关系。合意，是两个或两个以上的民事主体意思表示一致，合意以意思自治为前提，具有法律效力。

工程合同是建设工程合同的简称。根据《合同法》第269条规定：建设工程合同，又称为建设工程承包合同和基本建设承包合同，是承包人进行工程建设，发包人支付价款的合同。在其他国家，法律均没有专门、单独地规定建设工程合同，各国立法无一例外地都将建设工程合同纳入承揽合同的范畴并予以规定。

0.2.2 合同的一般分析

随着市场经济体制的建立和完善，建设单位、施工单位、勘察设计单位也采取相应的手段来保护自身的权利，约束对方的行为，保证建设工程活动的顺利进行，这种手段一般就是合同管理，即明确各方的权利义务关系，便于合同义务的履行；若出现哪一方不履行合同义务的情况，则追究其违约责任，从而对各方的履约行为产生较强的约束力。

合同生命周期分为四个阶段：投标阶段、合同谈判与签订阶段、合同实施阶段、合同完工后关闭阶段，其目的是保证合同管理的全过程能够始终贯彻如下的思想。即在合同生命周期中，合同管理“手段”的选择，应优先做到保证自己一方达到最佳利益，服务于整个项目管理目标，这是对合同管理的本质要求。因此，合同管理者应具有一定的思想境界和务实的精神，能看清“手段”与“目的”的关系，处理好“短期”与“长期”的关系，把握好事物的“度”，这就是合同分析与设计所期望达到的目的。

0.2.3 合同的专项分析

(1) 风险及其影响的分析

当今建设工程市场的发展与经济的发展相得益彰，风险与机遇并存。一个工程项目的建设实施过程可分前期规划、设计、设备材料采购、施工等若干阶段，而每一阶段按照横向和纵向的划分又包含许多子过程。如同模块一样，这些子过程的实现有规定的程序、工作规程、检查或验收标准。对这些常规性的工作，是程序化和结构化的管理问题，管理工作的复杂性并不大。但在整个工程项目实施中，由于受项目融资模式以及项目的内外部环境等诸多不确定因素的影响，其管理是复杂多变的。一方面，由于信息的不完整或信息的相对滞后，对不确定因素的识别及性质的把握相对困难；另一方面，对不确定因素处理的工具、方法或手段并无定式，这些不确定的干扰因素称为工程风险。

建设工程项目的主体是业主/项目法人，但工程项目实施中的风险并非完全由业主/项目法人来承担，而是借助于技术许可、设计、施工、工程监理以及各种形式的承包合同，对可能出现的风险在项目参与方之间进行分配。发包人可以将项目实施中的风险通过合同加以定义和分配，按照任何一种风险都应由最适宜承担该风险或最有能力进行损失控制的一方去承担和管理的原则，将各类风险转化为合同风险，将对风险的管理变成对合同的管理，这样可以取得双赢或多赢的效果。从这个意义上说，风险的合理分配是确定项目交易模式的重要依据，交易合同的主旨之一就是锁定交易风险。

(2) 信用问题的分析

诚实信用原则是指合同当事人在行使权利、履行义务时应当本着诚实、善意的态度，恪守信用，不得滥用权利和规避法律或合同规定的义务。从合同的签订及实施，即工程项目的整个过程都应遵循诚实信用原则。这主要包括：在双方签订合同时是诚实信用的，订立的合同真实地反映了双方的思想；合同成立并生效后，义务人应当重承诺、重信用，自觉履行合同义务；解释合同时也要按当事人签订合同时的真实想法来解释。

0.2.4 合同的总体设计

与工程设计一样，合同设计也是依据国家法律、法规、规定以及国际惯例，通过双方的谈判和相互让步，将各方的要求和意见用文字表述出来，最终形成一份用于指导工程管理工作的合同成品。

在建设工程市场，业主是选择项目执行模式、合同总体策划和总体设计的主体。招标文件是传递业主项目执行意图的载体，也是承包商了解项目最为直接的渠道，承包商应尽其所能予以满足或服从。但是，承包商也有自己的合同分析策划的工作，它应服从于承包商的基本目标（取得利润）和企业经营战略。

在招标投标阶段，承包商工作的核心目标是获得项目。意图在新的市场上通过获得一个立足的项目，建立起公司在该市场中的地位是投标的原因之一，但最显而易见的原因是希望获得项目并盈利，盈利是企业的目标与生存之本。为实现提出有竞争力的报价、签订合理有利合同的任务目标，承包商需做好以下几方面的工作：获取投标信息；投标决策；承包商编制投标文件和投标；向业主澄清投标书中的有关问题；合同谈判（中标后）。

0.2.5 合同的基础设计

尽管招标文件已经对合同内容的所有方面做了相当明确的规定，而且投标人业已在投标时表态愿意遵守，但对于大型项目，由于工作内容复杂，涉及的内容较多，业主很少严格以该文件为基础简单地与投标人签订合同，而是通过数次的谈判形成最终的合同文本。另外，对于技术合同（包括技术咨询合同、技术转让合同和技术服务合同）和工程设计合同，因技术壁垒和专业技术禀赋等因素，这类合同一般都由业主直接委托，通过与受托方直接进行合同谈判形成。

0.2.6 合同的详细设计

为了使工作有秩序、有计划地进行，保证正确地履行合同，就必须对合同实施的保证体系进行详细设计，建立有效的工程项目合同管理与控制体系。

（1）合同交底

合同交底是有效避免因管理出现盲区而导致合同签订与执行“脱节”的连接器，实现合同签订与执行两阶段的顺利过渡。

合同交底是以合同分析为基础、以合同内容为核心的交底工作，因此涉及合同的全部内容，特别是关系到合同能否顺利实施的核心条款。合同交底的目的是将合同目标和责任具体落实到各级人员的工程活动中，并指导管理及技术人员以合同作为行为准则。合同交底一般包括以下主要内容：

① 工程概况及合同工作范围；

② 合同关系及合同涉及各方之间的权利、义务与责任；

③ 合同工期控制总目标及阶段控制目标，目标控制的网络表示及关键线路说明；

④ 合同质量控制目标及合同规定执行的规范、标准和验收程序；

⑤ 合同对本工程的材料、设备采购、验收的规定；

⑥ 投资及成本控制目标，特别是合同价款的支付及调整的条件、方式和程序；

⑦ 合同双方争议问题的处理方式、程序和要求；

⑧ 合同双方的违约责任；

⑨ 索赔的机会和处理策略；

⑩ 合同风险的内容及防范措施；

⑪ 合同进展文档管理的要求等。

(2) 合同实施与控制体系的设计

建立合同实施的保证体系。合同工作及合同责任必须通过经济手段来保证。对分包商，主要通过分包合同确定双方的责任权利关系，以保证分包商能及时按质、按量地完成合同责任。如果出现分包商违约或未按约定履行合同，合同管理人员可对其进行合同处罚和索赔。对于承包商项目组可以通过公司内部的岗位责任制来保证。在落实工期、质量、消耗等目标后，应将这些目标与项目组经济利益挂钩，建立奖惩制度和激励机制，以保证合同目标的实现。

另外还有合同变更管理、工程索赔管理、工程反索赔管理。

0.2.7 合同完工后的设计

项目后评价是针对项目前评估而言，是指对已经完成的项目的目标、执行过程、效益和影响所进行的系统、客观的分析。通过项目活动实践的检查总结，确定项目预期的目标是否达到，项目或规划是否合理有效，项目的主要效益指标是否实现，通过分析评价找出成功失败的原因，总结经验教训，通过及时有效的信息反馈，为未来新项目的决策和提高完善投资决策管理水平提出建议，同时也为后评价项目实施运营中出现的问题提供改进意见，从而达到提高投资效益的目的。

合同实施后评价包括合同签订情况评价、合同执行情况评价和关键合同条款分析，如对费用、工期、质量的影响等。评价形成书面文件后用于工程总结，总结经验、吸取教训，是合同各方“知识管理”的一部分，用于提高今后项目的合同管理水平。

作为工程项目参与各方法律关系的证明文件，合同实施后评价是项目后评价重要的组成部分；同时，项目后评价直接影响合同实施后评价的结论，良好的工程质量是项目参与各方的合同后评价的必要条件。

0.3 风险评估方法

0.3.1 工程概况介绍

工程概况是编制风险评价报告书的基础。需要详细说明工程项目的具体内容，明确施工难度，风险评价报告书是安全生产和正常施工的重要保证。为顺利完成施工任务，按 HSE 的管理原则，编制此风险评价报告书。

0.3.2 项目危害辨识

根据施工作业的特点，对施工过程中的危险因素进行分析。例如：带电设备的金属外壳未可靠接地造成触电；施工现场氧气、乙炔气瓶的保管及使用不当，易发生气体泄漏、爆炸及人员伤亡事故；使用电气焊时会误伤正在运营中的设备及电缆，或烫伤人身，发生着火等。

0.3.3 风险控制与削减措施的实施

作业前，技术人员必须将风险控制与削减措施向所有参与施工作业的人员进行交底。施工负责人必须在确认风险控制与削减措施全部到位后，方能进行施工作业。安全监督员负责检查风险控制与削减措施的落实情况，及时纠正违规行为。如遇有异常或紧急情况，必须及时实施应急措施，使事故损失减少到尽可能小的程度。随时要与甲方和生产车间保持联系。

风险控制与削减措施的实施应从以下几方面着手。

① 施工作业设施设备完整性及可靠性调查　包括现场应配备设备设施名称、配置数量、设备已使用年限、设备检修检验周期、检修日期及设备状态的调查。

② 施工作业人员及管理状况调查　包括是否签订了安全合同或安全协议、是否进行了安全风险抵押、是否明确了现场施工安全负责人、是否进行了针对性的施工安全交底、有无特殊工种（例如：有仪表工、电工）、特殊工种有无取证及按时复审、有无设备操作规程及有无与甲方联系的途径的调查。

③ 危险因素及风险识别评价　根据施工作业内容的分析，发现施工过程中可能发生的事故，找出引发危害事件可能的危险因素，找出引发具体的危害事件可能的触发原因，并作出风险等级的判断，进而制定相应的削减和控制措施。

例如，根据施工作业内容的分析，施工过程中触电事故，危险因素是带电作业或使用电焊机，触发原因是违章操作或接线错误或使用漏电工具或不穿绝缘鞋或汗水浸透手套或焊钳误碰自身或湿手作业。判断出风险等级为低度。制订相应的削减和控制措施：a. 严格办理用电工作电票；b. 严格执行电业安全操作规程；c. 安装电气接线符合绝缘要求；d. 禁止无证人员处理电气事务；e. 对电气设备、工具、金属外壳要有有效的接地；f. 对电气设备及带电设备要定期检查、维护；g. 正确使用绝缘鞋手套和验电等安全工具；h. 加强防触电事故教育，提高员工安全防范意识。

0.4 技术方案的编制

0.4.1 编制说明

根据建设、监理单位、设计单位等有关人员在施工现场的交底、核实，施工单位现场的实际勘察，遵守建设单位对施工的有关规定进行施工。根据现场的实际特点，以确保施工质量、安全和工期进度要求编制施工方案。

0.4.2 编制依据

（1）根据建设单位对施工的有关规定进行施工。

（2）仪表相关的规程规范

① 自动化仪表安装工程质量检验评定标准（GB 131—90）

② 自动化仪表施工及验收规范（GB 50093—2002）

③ 石油化工仪表工程施工技术规程（SH 3521—1999）

0.4.3 工程概况及特点

对施工具体内容做出概括性说明。

0.4.4 主要设备工程实物量

给出工程项目的主要设备实物量。

0.4.5 施工部署

做出劳动力安排的部署，做出主要设备、机具用量及要求的部署，做出施工流程图，做出施工网络图计划。给出详尽的施工具体过程。

0.4.6 HSE风险评估及削减措施

HSE是健康（Health）、安全（Safety）和环境（Environment）管理体系的简称，HSE管理体系是将组织实施健康、安全与环境管理的组织机构、职责、做法、程序、过程和资源等要素有机构成的整体，这些要素通过先进、科学、系统的运行模式有机地融合在一起，相互关联、相互作用，形成动态管理体系。

HSE管理体系要求组织进行风险分析，确定其自身活动可能发生的危害和后果，从而采取有效的防范手段和控制措施防止其发生，以便减少可能引起的人员伤害、财产损失和环境污染。它强调预防和持续改进，具有高度自我约束、自我完善、自我激励机制，因此是一种现代化的管理模式，是现代企业制度之一。

HSE管理体系是三位一体管理体系。H（健康）是指人身体上没有疾病，在心理上保持一种完好的状态；S（安全）是指在劳动生产过程中，努力改善劳动条件、克服不安全因素，使劳动生产在保证劳动者健康、企业财产不受损失、人民生命安全的前提下顺利进行；E（环境）是指与人类密切相关的、影响人类生活和生产活动的各种自然力量或作用的总和，它不仅包括各种自然因素的组合，还包括人类与自然因素间相互形成的生态关系的组合。由于安全、环境与健康的管理在实际工作过程中有着密不可分的联系，因此把健康（Health）、安全（Safety）和环境（Environment）形成一个整体的管理体系，是现代石油化工企业的必然。

在编制技术方案时要进行HSE风险评估，给出HSE风险评估及削减措施，建立HSE保障体系。如图0-29所示是HSE保障体系构成。

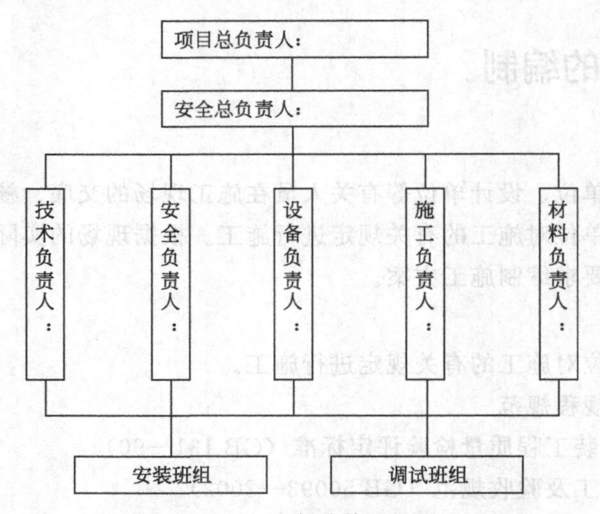

图0-29 HSE保障体系构成图

0.4.7 质量控制组织机构

（1）质量控制流程

质量控制流程如图0-30所示。

（2）施工准备阶段

① 建立健全的质量保证体系，质量管理制度，质量保证活动，质量检验和计量技术手段。

② 审核方案中保证工程质量的措施，确保各项内容完整、正确、切实可行，符合工程

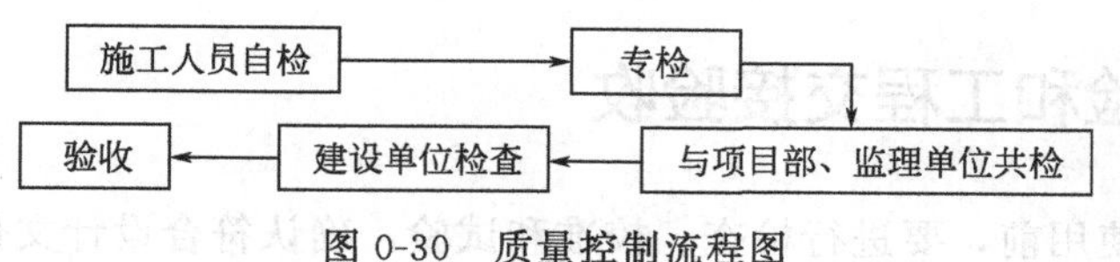

图 0-30 质量控制流程图

的技术要求和质量标准。

③ 设备、机具准备。施工前，应按施工技术方案、风险评估等作业指导书的要求准备施工设备、机具。

④ 人员培训和资格认定。参加施工的管理人员和操作人员应具有与工作职责相应的资质，人员必须经过相应岗位培训。

(3) 施工阶段

① 认真贯彻执行“三检一评”制度，各项工程均应执行自检、互检、专职检查的质量评定工作。

② 严肃认真对待质量问题，做到“三不放过”在施工过程中发现的具体问题，用书面的形式解释或提交设计变更单。

③ 要保持大材不小用，长材不短用，优材不劣用，避免不必要的浪费。

④ 施工过程质量控制由项目施工负责人、质量负责人、施工专责技术人员、工段长和班组长负责，并监督检查操作人员执行施工方案、作业指导书、规程、规范的情况。

(4) 施工后期阶段

① 对已完工程按质量标准进行验收。

② 汇总和审核交工技术文件。

(5) 质量检查与监督

① 在项目总负责人统一领导下，严格按施工及验收规范和质量检验标准进行检查和监督，对检查出的不合格项，要及时分析不合格原因，制定整改计划，按时完成整改。

② 定期或不定期进行技术资料和保证资料的核查、保证施工过程中原始资料的真实性和完整性。

③ 建立质量保证组织机构。

(6) 质量保证体系

质量保证体系如图 0-31 所示。

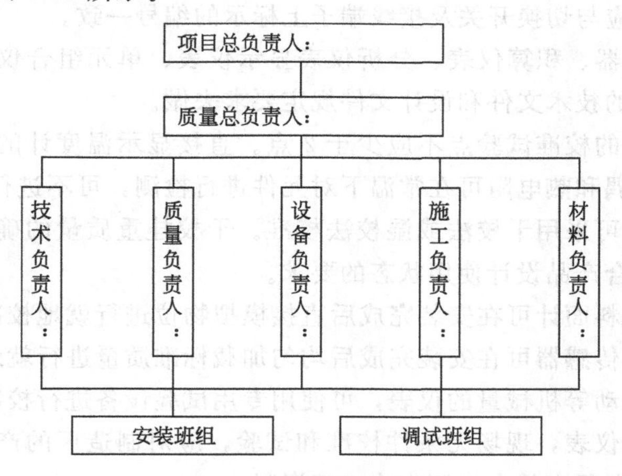

图 0-31 质量保证体系

0.5 仪表试验和工程交接验收

仪表在安装和使用前，要进行检查、校准和试验，确认符合设计文件要求及产品技术文件所规定的性能。仪表工程系统开通投入运行前要进行回路试验。即模拟正常工艺情况的功能联合检查，通常称其为“假动作”。需要进行试验的系统有：检测回路、控制回路、报警系统、程序控制系统和联锁系统等。

0.5.1 仪表试验

0.5.1.1 单台仪表校准和试验

（1）一般规定

① 仪表校准和试验的项目、方法、条件应符合产品技术文件和设计文件规定要求，并使用制造厂已提供的专用工具和试验设备进行校准和试验。

② 标准仪器仪表应具备有效的计量检定合格证明，其基本误差的绝对值不宜超过被校准仪表基本误差绝对值的1/3。

③ 单台仪表校准点应在全量程范围内均匀选取5点。回路试验时，应不少于3点。

④ 仪表试验用的电源电压应稳定。交流电源和60V以上的直流电源电压波动不超过10%。60V以下的直流电源电压波动不超过5%。

⑤ 气源压力应稳定、清洁、干燥，露点比最低温度低10℃以上。

⑥ 校准和试验应在室内进行。试验室应具备下列条件，室内清洁、安静、光线充足、无振动、无电磁干扰；室温在10～35℃范围内；有上下水设施。

⑦ 对于施工现场不具备校准条件的仪表，可对检定合格证明的有效性进行验证。

⑧ 设计文件规定禁油和脱脂的仪表，必须按其规定进行校准和试验。

（2）单台仪表校准和试验要求

① 指示显示仪表的校准和试验有下列项目要求：面板清洁，刻度和字迹清晰；指针在全刻度范围内移动灵活、平稳，示值误差、回程应符合仪表准确度规定；在规定工作条件下倾斜或轻敲表壳后，指针移动不超过仪表准确度的规定。

② 指针式记录仪表的校准和试验有下列要求：指针在全标度范围内的示值误差和回程误差应符合仪表准确度的规定；记录机构的划线或打印点应清晰，打印纸移动正常；记录纸上打印的号码或颜色应与切换开关及接线端子上标示的编号一致。

③ 变送器、转换器、积算仪表、分析仪表显示仪表、单元组合仪表、组装式仪表校准和试验，均应按产品的技术文件和设计文件规定要求去做。

④ 温度检测仪表的校准试验点不应少于2点。直接显示温度计的示值误差应符合仪表准确度的规定。热电偶和热电阻可在常温下对元件进行检测，可不进行热电性能试验。

⑤ 浮筒式液位计可采用干校法或湿校法校准。干校挂重质量的确定以及湿校试验介质密度的换算，均应符合产品设计使用状态的要求。

⑥ 贮罐液位计、料面计可在安装完成后直接模拟物位进行就地校准。

⑦ 称重仪表及其传感器可在安装完成后均匀加载标准质量进行就地校准。

⑧ 测量位移、振动等机械量的仪表，可使用专用试验设备进行校准和试验。

⑨ 对于流量检测仪表，现场无条件校准和试验，应对制造厂的产品合格证和有效的检定证明进行验证，并保留产品合格证作为交工资料。

⑩ 数字式显示仪表的示值应清晰、稳定，在测量范围内其示值误差应符合仪表准确度的规定。

⑪ 控制仪表的显示部分应按照上面对显示仪表的要求进行校准，仪表的控制点误差，比例、积分、微分作用，信号处理及各项控制、操作性能，均应按照产品技术文件的规定和设计文件要求进行检查、校准、调整和试验，并进行有关组态模式设置和控制参数预整定，并填写相关的记录。

⑫ 控制阀和执行机构的试验应符合下列要求：阀体压力试验和阀座密封试验等项目，可对制造厂出具的产品合格证明和试验报告进行验证，对事故切断阀应进行阀座密封试验，其结果应符合产品技术文件的规定；膜头、缸体泄漏性试验合格，行程试验合格；事故切断阀和设计规定了全行程时间的阀门，必须进行全行程时间试验；执行机构在试验时要按设计文件规定调整到工作状态。

⑬ 单台仪表校准和试验合格后，应及时填写校准和试验相关记录表格，并保存好作为交工资料；仪表上应有仪表位号和合格标志；需要加封印和漆封的部位校准和试验合格后，应及时加封印和漆封。

0.5.1.2 仪表电源设备试验

(1) 仪表电源设备安装要求

① 仪表电源设备安装前按下列要求检查其外观和技术性能：固定和接线用的紧固件、接线端子应完好无缺，无污物和锈蚀；继电器、接触器和开关的触点，应接触可靠，动作灵活，无锈蚀、损坏；防爆电气设备及其附件的填料函、密封垫圈，应完整、密封可靠；设备所带的附件齐全；设备的电气绝缘性能、熔断器的容量、输出电压值应符合产品技术文件的规定。

② 检查、清洗或安装仪表电源设备时，不应损伤设备的内部接线、触点和绝缘，有密封可调部件不可随意启封，必须启封时，应重新密封并填写相应记录。

③ 就地仪表供电箱的箱体中心距操作地面的高度应为1.2～1.5m，成排安装时要注意排列整齐、美观。其规格型号要符合设计文件规定。金属供电箱应有明显接地标志，接地线连接应牢固可靠。

④ 仪表电源设备安装要牢固、整齐、美观，设备信号、端子标志、操作标志等要完整无缺。避免将供电设备安装在高温、潮湿、多尘、有腐蚀、易燃、易爆、有振动及有可能干扰附近仪表等位置。如果不可避免时，应按设计文件要求采取必须的防护措施。

⑤ 盘（柜、台）内安装电源设备及配电线路，两带电导体间，导电体与不带电裸露的导体间，电气间隙和爬电距离要符合下列要求。额定电压为300～500V的线路，电气间隙为8mm，爬电距离为10mm；额定电压为60～300V的线路，电气间隙为5mm，爬电距离为6mm；额定电压低于60V的线路，电气间隙和爬电距离均为3mm。

⑥ 强、弱电的端子应分开布置。

⑦ 供电系统送电前，系统内所有开关都应置断开位置，并应检查此熔断器的容量。

⑧ 仪表工程安装和试验期间，所有供电开关和仪表的通、电断电应有显示或警示标志。

(2) 仪表电源设备试验

① 首先用500V兆欧表测电源设备的带电部分，其与金属外壳之间的绝缘电阻不应小于5MΩ。当产品另有规定时，应符合其说明书规定。

② 电源的整流和稳压性能试验，应符合产品技术文件和设计文件的规定。

③ 不间断电源应进行自动切换性能试验，切换时间和切换电压值应符合产品技术文件和设计文件的规定。

0.5.1.3 **综合控制系统试验**

综合控制系统试验是指控制室内仪表设备的试验，不包括现场部分。现在一般由供货厂方和建设单位为主，施工单位配合进行试验。试验要求如下。

① 试验必须在回路试验和系统试验前完成。

② 试验应在本系统安装完毕，供电、照明、空调等有关设施已投入运行的条件下进行。

③ 试验可按产品技术文件和设计文件的规定安排进行。

④ 其中硬件试验项目应有：接地系统检查和接地电阻测量；盘（柜、台）和仪表装置间绝缘电阻测量；电源设备和电源插卡各种输出电压的测量和调整；系统中全部设备和全部插卡的通电状态检查；通过直接信号显示和软件诊断程序对装置内的插卡、控制和通信设备、操作站、计算机及其外部设备等进行状态检查；输入、输出插卡的校准和试验，系统中单独的显示、记录、控制、报警等仪表设备的单台校准和试验。

⑤ 其中软件试验项目有：系统显示、处理、操作、控制、报警、诊断、通信、冗余、打印、拷贝等基本功能的检查试验；控制方案、控制和联锁程序的检查。

0.5.1.4 **回路试验和系统试验**

为了将各种故障在系统投入运行前排除，在开通投入运行之前必须进行回路试验和系统试验。试验前必须具备下列条件：回路中的仪表设备、装置和仪表线路、仪表管道安装完毕；组成回路的各仪表的单台试验和校准已经完成；仪表配线和配管经检查确认正确完整，配件、附件齐全；回路的电源、气源和液压源已能正常供给并符合仪表运行的要求。

（1）试验前准备

为了试验的顺利进行，要对试验工作有足够的重视和做好充分的准备。其中包括人员配备、工器具准备和各种技术资料准备。

① 人员配置　由于回路试验和系统试验工作十分重要且复杂，进程中会出现各种难以预测的情况，所以对参加试验的工作人员应有一定的要求。

- 试验人员应具有独立工作的能力，对可能出现的各种问题应有能力解决，会使用各种标准仪器。
- 对全厂各控制回路较熟悉，工艺流程较清楚，具有较熟练的仪表校准和调整及安装工作技能。
- 头脑冷静，处理问题准确、迅速、果断。

② 工器具准备　试验所需工器具有：各类导线、无线对讲机、万用表、毫安表、手持终端、U形管，各种接头、定值器、标准电阻箱、电桥和信号源等。某些非标准系列的设备及工器具应在一次检验时准备齐全。

③ 技术资料准备　为保证试验的顺利进行，试验前应根据现场情况和回路复杂程度，按回路和信号类型合理安排。在试验前应准备好有关的图、表、规范等技术资料，做好试验记录准备工作，按资料对各种系统进行必要的复查。

- 图纸分类：对各工作所需图纸均应进行分类，做到各取所需、不丢不乱，对各控制器的正反作用列表查清，一次性预置。
- 送电前的检查：为使仪表正常工作，在联校前应对照图纸进行检查，其中包括绝缘检查、线路检查、气源检查等。

对电动仪表，应检查仪表电源电压是否与设计相符，各保险器是否接触良好，导线接头是否牢固，接地是否合格等。

对气动仪表，应检查气源压力，各阀门位置，气源干燥程度、纯度等。如气源中水分较大，应放空一段时间；如果杂质含量多，则应净化后再使用。

(2) 试验要求

① 试验程序　综合控制系统可先在控制室内以与就地线路相连的输入输出端为界进行回路试验，然后再与就地仪表连接进行整个回路的试验。

② 检测回路的试验要求　在检测回路的信号输入端模拟输入被测变量的标准信号，回路显示仪表部分的示值误差，不应超过回路内各单台仪表允许基本误差平方和的平方根值；温度检测回路可断开检测元件的接线，在检测元件输出端向回路输入电阻值或毫伏值模拟信号；现场不具备模拟被测变量信号的回路，应在其可模拟输入信号的最前端输入相关模拟信号进行回路试验。

③ 控制回路试验要求　检查控制器和执行器的作用方向是否符合设计规定；通过控制器或操作站的输出向执行器发送控制信号，执行器执行机构的全行程动作方向和位置应正确，执行器带有定位器时应同时试验；当控制器或操作站上有执行器的开度和起点、终点信号显示时，应同时检查执行器开度和起点、终点是否符合设计规定。

④ 程序控制和联锁系统的试验要求　系统试验中应与相关的专业配合，共同确认程序运行和联锁保护条件及功能的正确性，并对试验过程中相关设备和装置的运行状态、安全防护采取必要的措施；程序控制系统和联锁系统有关装置的硬件和软件功能试验已经完成，系统相关的回路试验已经完成，才能进行该项试验；系统中的各有关仪表和部件的动作设定值，应根据设计文件规定进行整定；联锁点多、程序复杂的系统，可分项、分段逐步进行试验后，再进行整体检查试验；程序控制系统的试验应按程序设计的步骤逐步检查、试验，其条件判定、逻辑关系、动作时间和输出状态等均应符合设计文件规定；在进行系统功能试验时，可采用已试验整定合格的仪表和检测报警开关的报警输出接点直接发出模拟条件信号。

⑤ 报警系统的试验要求　系统中有报警信号的仪表设备，如各种检测报警开关、仪表的报警输出部件和接点，要根据设计文件规定的设定值进行整定；在报警回路的信号发生端模拟输入信号，检查报警灯光、音箱和屏幕显示是否正确。报警点整定后应在调整器件上加封记；检查报警的消音、复位和记录功能是否正确。

试验必须填写有关记录，有的要作为交工资料。

0.5.2　工程交接验收

在设计文件范围内仪表工程的取源部件，仪表设备和装置，仪表管道，仪表线路，仪表供电、供气、供液系统，均已按设计文件和正在施行施工规范的规定安装完毕，仪表单台设备的校准和试验合格后，仪表工程回路试验和系统试验已完成，即可进行“三查四定”。

0.5.2.1　三查四定

“三查四定”是交工前必须做的一个施工工序，由设计单位、施工单位、建设单位和监理公司的人员对每一个系统进行全面仔细的检查，一查施工质量是否符合《自动化仪表工程施工及验收规范》(GB 50093—2002) 规定，施工内容是否符合图纸要求；二查是否有不安全因素和质量隐患；三查是否还有未完成项目。对查出的问题必须四定，即“定责任、定时间、定措施、定人员。”

“三查四定”工作完成后，建设单位应对施工单位所施工的工程进行接管。从施工阶段进入开通投入运行阶段时，装置由施工单位负责转到由建设单位负责。由于工程进入紧张的开通投入运行阶段，建设单位人员大量介入，如果工程保管权还在施工单位，会影响开通投入运行工作的正常进行，会产生一些矛盾，但又不具备正式交工条件，因此要有一个“中间交接”阶段。这一阶段是一个特殊的阶段，是建设、施工单位人员携手共同进行开通投入运行的阶段。“中间交接”的具体时间、形式由双方共同商定解决，“中间交接”时双方要签字，要承担责任。只有经过“中间交接”的装置，建设单位才有权使用。

0.5.2.2 系统开通投入运行及安全要求

仪表工程的回路试验和系统试验完毕，并符合设计文件和正在执行的施工规范的规定，即可开通投入运行。

开通投入运行是一个多环节、多工种、复杂的过程，稍不小心，就会出现各种事故，且多为人为事故，造成国家财力、物力损失或人身事故。因此，在开通投入运行过程中安全生产应摆在第一位。

(1) 仪表设备的安全

① 开通投入运行工程中所损坏的仪表多为人为事故造成，因此必须非常熟悉标准表和被试表的性能，使用方法等。

② 在对被试表进行检定时，应注意电源的接线方法，接线应准确无误。

③ 开通投入运行工程中，精力应高度集中，不允许做分散注意力的事情。

④ 使用标准仪器前，应将测试选择开关置于合适位置，防止过荷烧坏。

⑤ 不准任何人随意破坏标准仪表的铅封和蜡封。

⑥ 重要岗位的仪表、阀门等，应挂红字白底的禁动牌。

⑦ 强腐蚀场所，如发现泄漏，应及时处理，以免损坏仪表。

⑧ 如发现仪表被水浸、腐蚀、烧焦等现象，应停电检查，不允许带电操作。

⑨ 强制停车按钮应加装防护盖板，任何人不得随意按动。

⑩ 不允许在盘后电源箱加接临时线，以免发生短路，造成全厂停车事故。

(2) 人身安全防护

① 进入现场，必须做好必要的防护，如防腐蚀、防烧伤、防电击等。

② 工作人员必须随身带试电笔，对有问题的仪表等应确定无电后再进行故障处理。

③ 对各种裸露的电线头、电缆头等，切勿随意用手触摸，以免触电。

④ 易燃易爆场所的仪表，不得在未断电时启盖测量，不可以铁器敲击，以免产生火花。

⑤ 对测高温高压介质的仪表，不应随意拆卸，以免击伤或烫伤。

⑥ 拆卸腐蚀性介质管道时，应防止喷溅，并需有两人以上在场。

0.5.2.3 交接验收

仪表工程连续 48h 开通投入运行正常后，即具备交接验收条件，应办理交接验收手续。交接验收时，应提交下列文件：

① 工程竣工图；

② 设计修改文件和材料代用文件；

③ 隐蔽工程记录；

④ 安装和质量检查记录；

⑤ 绝缘电阻测量记录；

⑥ 接地电阻测量记录；

⑦ 仪表管道脱脂、压力试验记录；

⑧ 仪表设备和材料的产品质量合格证明；

⑨ 仪表校准和试验记录；

⑩ 回路试验和系统试验记录；

⑪ 仪表设备交接清单；

⑫ 未完工程项目明细表。

因客观条件限制未能全部完成的工程，可办理工程交接验收手续，未完工程的施工安排，应按合同的规定进行。

施工单位可留少数施工人员进行保运。协助建设单位解决有关生产中出现的问题。另一方面，整理完善交接验收文件。至此，仪表工程施工已全部结束。

思考与复习题

0-1. 仪表安装于现场之前必须要做哪些准备工作？

0-2. 压力取源部件安装必须符合什么要求？

0-3. 分别画出气体、蒸汽、液体水平管道上取压口方位图。

0-4. 测量脉动介质压力，要采取哪些措施？

0-5. 节流装置安装对管道有哪些要求？

0-6. 节流件安装要注意哪些事项？

0-7. 测量管道敷设时有什么要求？安装后如何试压和查漏？

0-8. 哪几种流量仪表检测元件安装时，前后需直管段？

0-9. 测温元件安装方式有哪几种？

0-10. 仪表试验时对电源有什么要求？

0-11. 各种仪表校准和试验要求各不相同，指针式仪表校准和试验有何要求？

0-12. 仪表电源设备如何试验？

0-13. “三查四定”的内容是什么？

0-14. 开通投入运行时，为什么要特别注意安全？

0-15. 交接验收条件是什么？

0-16. 交接验收要向建设单位提交哪些文件？

项目1 压力检测仪表的安装

子项目1.1 弹簧管压力表的安装

【项目任务】

根据现场条件选择弹簧管压力表、安装工具，任务是对弹簧管压力表进行校验，将其安装到设备上，并对教师设置的故障进行诊断、维护。

【任务与要求】

通过录像、实物、到现场观察，认识弹簧管压力表结构，了解工作原理，掌握弹簧管压力表的安装、校验、维护方法。对弹簧管压力表进行校验，将其安装到设备上，并对教师设置的故障进行诊断、维护。

项目任务：

① 能读懂弹簧管压力表铭牌；

② 会弹簧管压力表的选型；

③ 能进行弹簧管压力表的安装，校验；

④ 能对弹簧管压力表的故障进行维护。

项目要求：

① 了解弹簧管压力表的结构特点、使用方法；

② 熟悉弹簧管压力表的选型；

③ 掌握弹簧管压力表的安装、校验与维护方法。

所需的工具条件：

类　型	内　容
安装图册	弹簧管压力表及其安装图册
工具设备	仪表专用安装工具
检验调试仪器	专用仪表检验调试仪器
通用计算机	通用计算机、投影设备

【学习讨论】

（1）弹簧管压力表工作原理

弹性式压力计工作原理是利用具有弹性的材料所制作的弹性元件，弹性元件表面在外力的作用下，会产生弹性形变。在弹性极限范围内，弹性元件形变（挠曲、伸展）量与外力大小成比例，形变量经传动机构放大后，带动仪表示值指针。弹性式压力表是将压力量转换为位移量来反映被测压力值。

弹性元件的种类较多，主要弹性元件有弹簧管、波纹管、波纹膜片、挠性膜片，如图 1-1 所示。

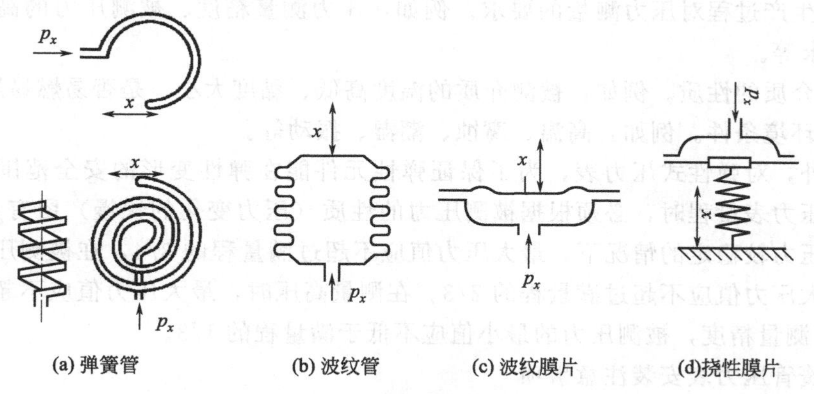

图 1-1　弹性元件结构示意图

弹簧管压力表因其结构简单、适用，耐腐蚀性较强的介质，对恶劣工况及环境适应性强，可供选择量程范围宽，价格便宜，是弹性式压力计中应用很广泛的一种仪表。

弹簧管压力表的传感元件是一根用机械弯制而成的 3/4 圆弧异形金属管，金属管的截面外形有扁圆形、椭圆形和圆形。圆形多用于测量高压范围，该弹性元件的外径和内径为偏心圆。弹簧管的材质是依据量程范围、被测介质的性质来确定的，常用的材质为磷青铜、合金钢和不锈钢。

弹簧压力表结构如图 1-2 所示，弹簧管 1 的一端为自由端，即活动端，其端口封闭，另一端为固定端，固定端焊接于过程接头 9 的连接体上，弹簧管的端口与表接头孔相通。弹簧自由端通过拉杆 2 与杠杆扇形齿轮 3 相连接，扇形齿轮与固定在表支撑架上的中心齿轮 4 啮合，中心齿轮后轴与游丝 7 连接，中心齿轮前轴上套压一只表指针 5，平置于刻度面板 6 零刻度处。

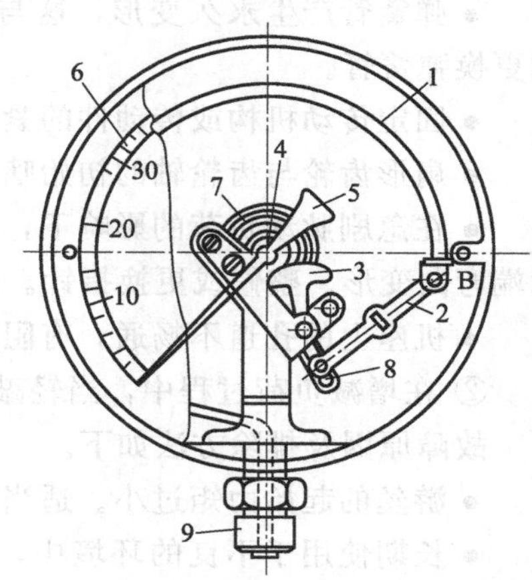

图 1-2　弹簧管压力表结构图

1—弹簧管；2—拉杆；3—杠杆扇形齿轮；4—中心齿轮；5—指针；6—刻度面板；7—游丝；8—调整螺钉；9—接头

当被测压力从表接头导入弹簧管内，管壁在内压作用下，因弹簧管为异形管，外形呈圆弧状，管内壁受压膨胀伸展，弹簧管的自由端向着趋直方向移动，移动量的大小与管内压力成比例。自由端移动后必会带动与其连接的拉杆，拉杆将移动信号传至杠杆扇形齿轮，因杠杆的放大与转换作用，将微小的移动量放大，转换成较大的角位移量。扇形齿轮逆时针转动带动中心齿轮顺时针转，因齿轮的传动比其转角进一步放大。中心齿轮上的指针随着中心轴转，当被测压力与弹簧管回复力平衡时，指针停于刻度示值某处，其示值即为被测压力值。

游丝 7 的作用在于保持扇形齿轮与中心齿轮之间的可靠接触，以避免因齿间间隙产生空行程。调整螺钉 8 的作用是用来调整位移放大比，即校准压力表的量程。

(2) 压力表选择

压力表的选用应根据使用要求，针对具体情况做具体分析。在满足工艺技术要求的前提下，做到合理地选择种类、型号、量程和精度等级。有时还需考虑要否带有报警、远传变送等附加装置。

主要选用依据如下。

① 工艺生产过程对压力测量的要求。例如，压力测量精度、被测压力的高低以及对附加装置的要求等。

② 被测介质的性质。例如，被测介质的温度高低、黏度大小、是否易燃易爆等。

③ 现场环境条件。例如，高温、腐蚀、潮湿、振动等。

除此以外，对弹性式压力表，为了保证弹性元件能在弹性变形的安全范围内可靠地工作，在选择压力表量程时，必须根据被测压力的性质（压力变化的快慢）留有足够的余地。一般在被测压力较稳定的情况下，最大压力值应不超过满量程的3/4，在被测压力波动较大情况下，最大压力值应不超过满量程的2/3。在测量高压时，最大压力值应不超过满量程的1/2。为保证测量精度，被测压力的最小值应不低于满量程的1/3。

(3) 弹簧管压力表安装注意事项

参考0.1.4.2压力表的安装。

(4) 弹簧管压力表常见故障现象及排除方法

① 指针偏离零点，且示值的误差超过允许误差值。

故障原因及排除方法如下。

- 弹簧管产生永久变形，这与负荷冲击过大有关。取下指针重新安装，并调校；必要时更换弹簧管。
- 固定传动机构或传动件的紧固螺钉松动。拧紧螺钉。
- 扇形齿轮与齿轮轴的初始啮合过少或过多。适当改变初始啮合位置。
- 在急剧脉动负荷的影响下，使指针在减压时与零位限止钉碰撞过剧，以致引起其指示端弯曲变形。整修或更换指针。
- 机座上的孔道不畅通，有阻塞现象。加以清洗或疏通。

② 在增减负荷过程中，当轻敲外壳后，指针摆动不止。

故障原因及排除方法如下。

- 游丝的起始力矩过小。适当地将游丝放松或盘紧，以增加起始力矩。
- 长期使用于不良的环境中，或因游丝本身的耐腐蚀性不佳，使弹性逐渐消退，力矩减小。更换游丝。
- 周围有高频振源。安装减振器。

③ 指针回转时滞钝，且有突跳现象。

故障原因及排除方法如下。

- 传动件配合处存在积污或被锈蚀，造成传动不灵活。适当增大配合间隙或在该处滴少许仪表油或钟表油。
- 机座上的孔道略有阻塞。加以清洗或疏通。
- 轮轴与轮径不同心。做轮轴矫正。
- 拉杆两端上的小孔与相连接的零件配合不良。予以校正，直至保持灵活为止。

④ 在增减负荷过程中，轻敲外壳后，示值的变化量远超过允许误差值

故障原因及排除方法如下。

- 齿轮被局部磨损。改变齿轮的啮合位置或更换齿轮。

● 传动机构中的轴或支承孔被磨损。调整或更换。

● 轮轴与轮径不同心。做轮轴矫正。

● 游丝的内圈或外圈固定端脱落。将其重新固定好。

⑤ 指针有抖动。

故障原因及排除方法如下。

● 齿轮积污。用汽油或酒精清洗。

● 指针轴弯曲。校直指针轴。

● 扇形齿轮倾斜。矫正扇形齿轮平面。

● 被测介质压力波动大。关小阀门。

● 压力表安装位置有振源。加装减振器。

⑥ 指针失灵，即在负荷作用下，指针不产生相应的动作。

故障原因及排除方法如下。

● 自由端与拉杆间的销钉或螺钉脱落。重新装上。

● 机座上的孔道被严重阻塞。加以清洗或疏通，必要时拆卸弹簧管进行清洗。

● 中心齿轮与扇形齿轮之间的传动阻力大。增加齿轮夹板上下间隙，在支柱上加垫片。

(5) 弹簧管压力表校验方法

弹簧管压力表校验连接如图 1-3 所示。

① 内容　选择一只精度为 1.5 级（或 2.5 级）的普通弹簧管压力表作为被校表，用“标准表比较法”鉴定它的基本误差、变差和零位偏差，对指针偏转的平稳性（要求指针在偏转过程中不得有停滞或跳动）及轻敲表壳位移量（不得超过允许绝对误差的一半）也应进行检查。在全标尺范围内，总的校验点一般不得少于五点。

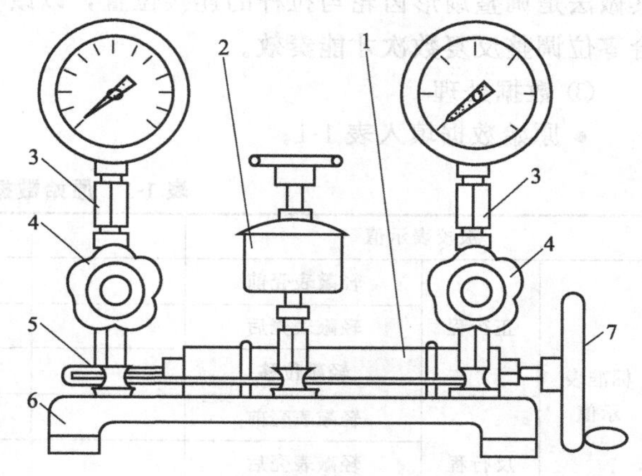

图 1-3　弹簧管压力表校验连接图

1—手摇泵；2—油杯；3—螺母；4—针形阀；5—导压管；6—底座；7—手轮

② 步骤（要领）

● 把压力表校验器平放在便于操作的工作台上。

● 注入工作液。工作液一般应根据被校表的测量范围和种类而定。被校表的测量上限在 5.9MPa 以上者，用蓖麻油；相反，可用无酸变压器油；当被校表为氧表时，则应用甘油与酒精混合液。

为使工作液顺利注入压力表校验器，必须先开针阀 4，手轮 7，把手摇泵活塞推到底部，旋开油杯阀，揭开油杯盖，将工作液注满油杯 2。关闭针形阀 4，反方向转动手轮 7，将工作液吸入手摇泵内（此时油杯内仍应有适量工作液）盖上油杯盖，装上油杯阀。

● 排除传压系统内的空气。关闭油杯阀，打开针形阀 4，适当摇动手轮 7，直至看两压力表接头处有工作液即将溢出时，关闭针形阀 4，打开油杯阀，反向旋转手轮 7，给手摇泵补足工作液，再关闭油杯阀。

● 校验。将标准压力表和被校压力表分别装在压力表校验器左右两个接头螺母 3 上，打开针形阀 4，用手摇泵 1 加压即可进行压力表的校验。

校验时，先检查零位偏差，如合格，则可在被校表测量范围的35%、50%、75%三处做线性刻度校验，如合格，即可校验各校验点，并在刻度上限做耐压检定3min（精密压力表为5min，弹性元件重新焊接后为10min）。每个校验点应分别在轻敲表壳前后进行两次读数，然后记录各校验点处被校表的指示值（以轻敲表壳后的示值为准）和标准表的示值及轻敲位移量。以同样方式做反行程校验和记录。

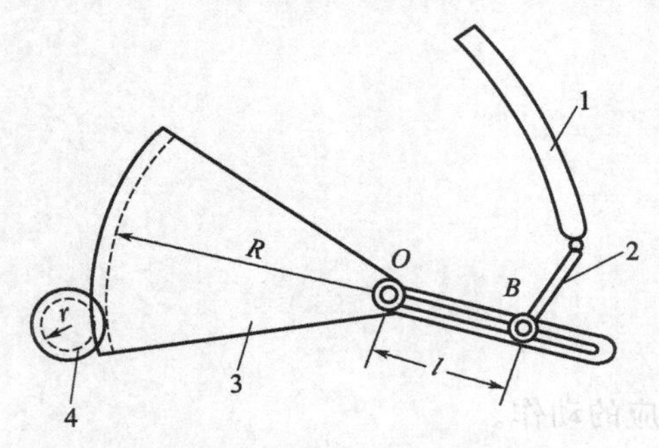

图1-4　弹簧管压力表量程示意图
1—弹簧管；2—拉杆；3—扇形齿轮；4—中心齿轮

- 零点的调整。当弹簧管压力表未输入被测压力时，其指针应对准表盘零位刻度线，否则，可用特制的取针器将指针取下对准零位刻度线，重新固定。对有零位限制钉的表，一般要升压在第一个有数字的刻度线处取、装指针，以进行零位调整。
- 量程的调整。如果压力表的零点已调准，当测量上限时其示值超差，则应进行量程调整。其做法是调整扇形齿轮与拉杆的连接位置，以改变图1-4中OB的长短，即可调量程。要结合零位调整反复数次才能奏效。

③ 数据处理

- 原始数据填入表1-1。

表1-1　原始数据记录参考

被校表示值							
标准表示值	正行程	轻敲表壳前					
		轻敲表壳后					
		轻敲位移					
	反行程	轻敲表壳前					
		轻敲表壳后					
		轻敲位移					
基本误差/%							
变差/%							
精度							

- 误差运算。计算被校表的引用误差、变差，画出压力表的校正曲线，判断被校表是否合格（定级）。

【项目实施】

（1）制订计划

小组成员通过查询资料，讨论、制订计划，确定校验方法，写出校验方案，确定安装步骤，维护方法。并制订弹簧管压力表的安装检验维护工作的文件。（教师指导讨论）形成以下书面材料。

① 确定安装检验维护方案。

② 安装检验维护流程设计。选择弹簧管压力表、确定安装方法和检验与维护方案、划

分实施阶段、确定工序集中和分散程度，确定安装检验和维护顺序。

③ 选择安装检验设备、辅助支架、安装维护工具等。

④ 成本核算。

⑤ 制订安全生产规划。

（2）实施计划

根据本组计划，进行弹簧管压力表的校验、安装、维护，并进行技术资料的撰写和整理工作。形成资料，评价时汇报。教师重点指导学生正确使用工具和安全操作，重点观察学生对材料的使用能力、规程与标准的理解能力、操作能力。

（3）检查评估

根据弹簧管压力表的安装、检验、维护工作结果，逐项分析。各小组推举代表进行简短交流发言，撰写任务报告。提出自评成绩。教师重点指导对不合格项目的分析。重点指导哪些工作可改进？如何改进？

以小组自评、各组互评、教师评价三者结合的方式，评价任务完成情况，主要检验下列几项：

① 弹簧管压力表的校验是否准确；

② 安装方法是否合理；

③ 对所设故障诊断是否正确，维护是否得当。

若检验不符合要求，根据教师、同学建议，对各步进行修改。

子项目1.2　压力变送器的安装

【项目任务】

根据现场条件选择压力变送器，任务是对其进行校验、故障诊断、维护。

【任务与要求】

通过录像、实物、到现场观察，认识压力变送器的结构，了解工作原理，掌握压力变送器的安装、校验、维护方法。对压力变送器进行校验，将其安装到设备上，并对老师设置的故障进行诊断、维护。

项目任务：

① 能读懂压力变送器铭牌；

② 会压力变送器的选型；

③ 能进行压力变送器的安装，校验；

④ 能对压力变送器进行维护。

项目要求：

① 了解压力变送器的结构特点、使用方法；

② 熟悉压力变送器的选型；

③ 掌握压力变送器的安装、校验与维护方法。

所需的工具条件：

类　型	内　容
安装图册	压力变送器及其安装图册
工具设备	仪表专用安装工具
检验调试仪器	标准电流表（0～20mA）、标准电压表（0～10V）、专用仪表检验调试仪器
通用计算机	通用计算机、投影设备

【学习讨论】

（1）压力变送器工作原理

① 以罗斯蒙特2088型压力变送器为例，了解压力变送器工作原理。

2088型压力变送器是以微处理器为基础的压力变送器。

电动压力变送器传感室结构如图1-5所示，其结构十分简单，主要由电阻元件基片、不锈钢外壳、金属隔膜组成。电阻基片参比侧紧贴于壳体上盖与大气相通中心孔处。隔膜上部充满硅油。电阻元件为电阻式硅半导体传感元件，基片上4只硅半导体晶片以一定方位排列，组成电桥的4个桥臂，紧贴于绝缘基片表面上，并覆盖一层绝缘保护膜与环境隔离。

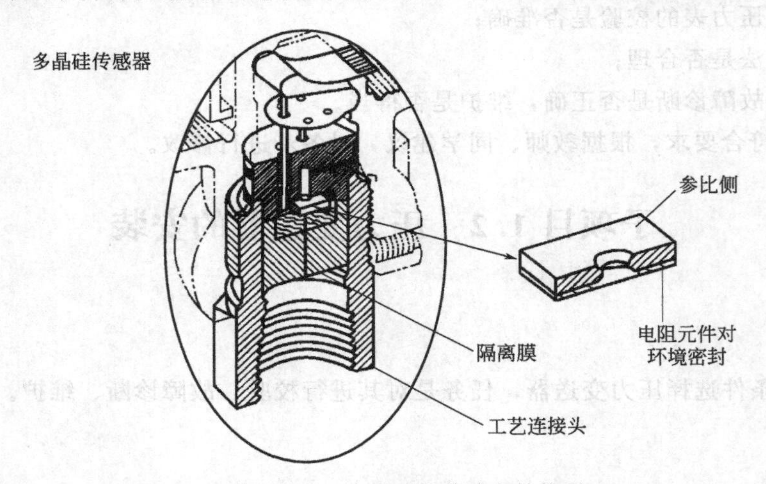

图1-5　电动压力变送器传感室结构图

当被测介质压力导入传感器，介质压力通过金属膜片将压力传至传感室内的填充硅油，硅油压力升高，因电阻元件基片所处位置，上、下两侧表面所受的压力存在压差。压差的作用使传感基片产生微小变形，贴附在基片上的电阻也随之发生变化，硅电阻的变化导致桥路输出变化。桥路的输出电压经放大电路放大，并经微处理器进行信号处理后将信号转换成4～20mA或1～5V直流输出信号。变送器的输出信号与被测介质的压力值成正比。

2088型压力变送器的特点是：4只电阻元件处在同一温度下，工作温度变化对桥臂电阻的影响在桥路中互相抵消；传感元件的参比侧与大气相通，其作用在于跟踪大气压变化，这是典型的表压检测仪表结构；绝对压力变送器结构，则传感元件的参比侧为高真空度室。

② 以电容式差压变送器为例，了解压力变送器工作原理。

电容式差压变送器由电容式测量膜盒和转换电路组成。电容式测量膜盒是将差压的变化转换为电容量的变化。图1-6所示是电容式差压变送器。测量膜盒内充以填充液（硅油），中心感应膜片11（可动电极）和其两边弧形固定电极二分别形成电容 C_1 和 C_2。当被测压力加在测量膜片上后，通过腔内填充液的液压传递，将被测压力差引入到中心感应膜片，使中心感应膜片产生位移，因而使中心感应膜片与两边弧形固定电极的间距不再相等，从而使 C_1 和 C_2 的电容量不再相等，通过转换部分的检测和放大，将电容的变化量转换为直流电流信号输出。电容式差压变送器的作用就是将不同范围的差压转换为标准的4～20mA的直流电信号输出。不同的测压范围可通过差压变送器的调零和调量程的方法实现，当压力变化较大时，需换不同的测压范围的变送器。

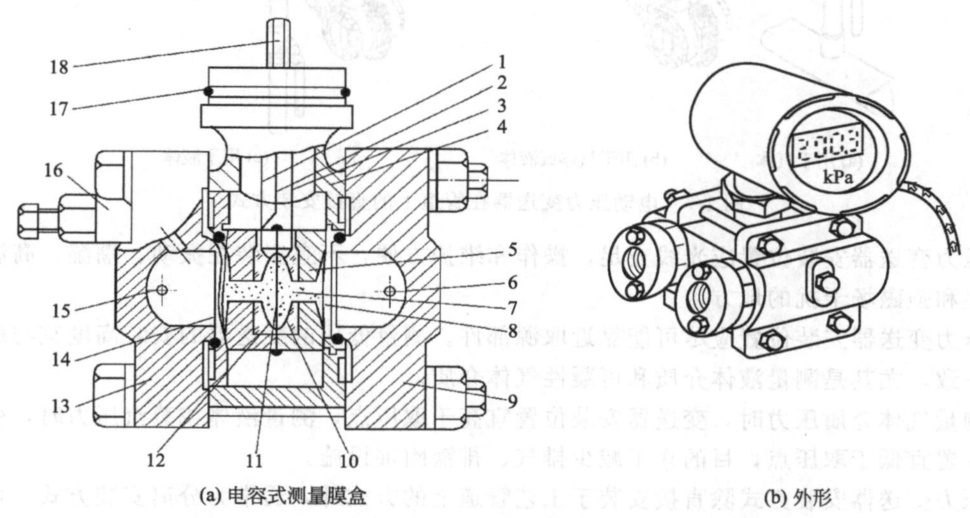

(a) 电容式测量膜盒　　(b) 外形

图1-6　电容式差压变送器

1～3—电极引线；4—差动电容膜盒座；5—差动电容膜盒；6—负压侧导压口；7—硅油；8—负压侧隔离膜片；9—负压侧基座；10—负压侧弧形电极；11—中心感压膜片；12—正压侧弧形电极；13—正压侧基座；14—正压侧隔离膜片；15—正压侧导压口；16—放气排液螺钉；17—O形密封环；18—插头

电容式差压变送器的精度较高，由于它的结构能经受振动和冲击，其可靠性、稳定性高。当测量膜盒的两侧通以不同压力时，便可以用来测量差压、液位等参数。

(2) 压力变送器安装注意事项

压力测量的准确性在很大程度上取决于变送器、测量管和取压部件的正确安装。在某些场合，电动压力变送器可直接安装在工艺管道上，无需另设支架，如图1-7所示。在工艺管道上直接安装的条件是工艺过程温度和环境温度都应符合变送器使用条件要求。

压力取源部件在水平和倾斜工艺管道上安装时，取压点的方位应符合下列规定。

测量气体压力时，取压点应在工艺管道的上半部。

测量液体压力时，取压点应取在工艺管道的下半部与工艺管道的水平中心线成0°～45°夹角的范围内。

测量蒸汽压力时，取压点取在工艺管道的上半部，以及下半部与工艺管道水平中心线成0°～45°夹角的范围内。

压力取源部件的安装位置，应选择在工艺介质流速稳定的管段。

压力取源部件与温度取源部件在同一管段上时，压力取源部件应安装在温度取源件的上游侧。

压力取源部件的端部不应超出工艺设备和工艺管道的内壁。

在垂直工艺管道上测量带有灰尘、固体颗粒或沉淀物等混浊介质的压力时，取源部件应倾斜向上安装，与水平线的夹角应大于30°。在水平工艺管道上宜顺流束成锐角安装。

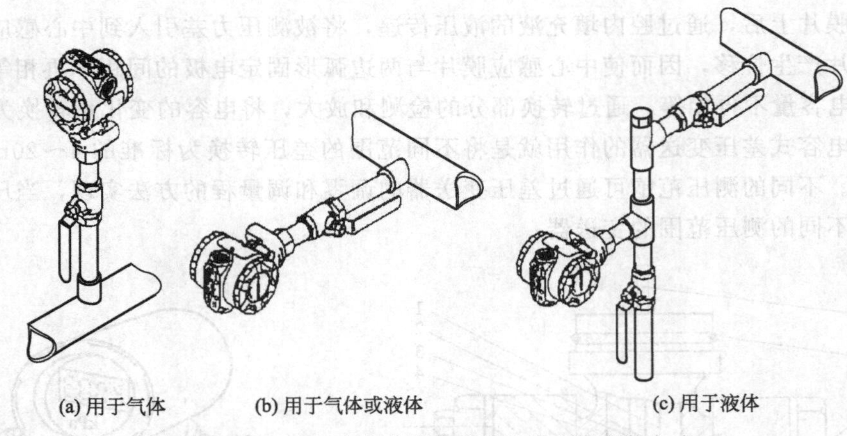

图 1-7 电动压力变送器在管道上的直接安装方式

压力变送器安装位置应光线充足，操作和维护方便，不宜安装在振动、潮湿、高温、有腐蚀性和强磁场干扰的地方。

压力变送器安装位置应尽可能靠近取源部件。测量低压的变送器的安装高度宜与取压点高度一致，尤其是测量液体介质和可凝性气体介质。

测量气体介质压力时，变送器安装位置宜高于取压点，测量液体或蒸汽压力时，变送器安装位置宜低于取压点，目的在于减少排气、排液附加设施。

压力变送器安装方式除直接安装于工艺管道上的方式外，通常为分离安装方式，可在现场制作立柱支架，采用 U 形螺栓卡设，也可采取墙板支架安装方式，如图 1-8 所示。无论何种安装方式，压力变送器应垂直安装，仪表接线盒的电缆入口不应朝上。

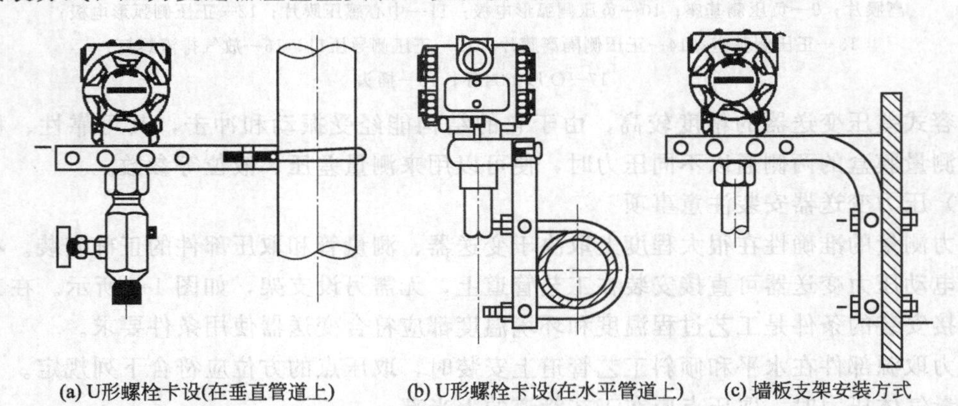

图 1-8 压力变送器的分离安装方式

(3) 常见故障分析判断

① 压力控制系统仪表指示出现快速振荡波动时，首先检查工艺操作有无变化，这种变化多半是工艺操作和调节器 PID 参数整定不好造成。

② 压力控制系统仪表指示出现死线，工艺操作变化了压力指示还是不变化，一般故障出现在压力测量系统中，首先检查测量引压导管系统是否有堵的现象，不堵，检查压力变送器输出系统有无变化，有变化，故障出在控制器测量指示系统。

(4) 电容式差压变送器校验方法

① 接线 电容式差压变送器校验接线如图 1-9 所示。

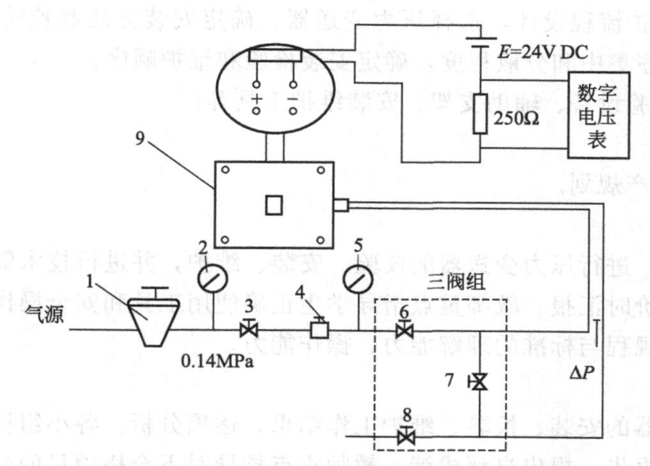

图1-9　电容式差压变送器校验接线图

1—过滤器；2,5—标准压力表；3—截止阀；4—气动定值器；6—高压阀；7—平衡阀；8—低压阀；9—被校变送器

② 调校　接线后，通电，打开气源，进行零点和量程的调整。

● 关阀6，打开阀7和阀8，使正负压室都通大气，差压信号为零时，调整零点螺钉，使电压表读数为（1.000±0.004）V DC。

● 关阀7，打开阀6，用定值器加压至仪表测量上限，调整量程螺钉，使电压表读数为（5.000±0.004）V DC。

注意：在差压不变时，零点和量程螺钉都是顺时针为输出增加，反时针为输出减小。反复调整零点和量程，直到合格为止。

● 精度校验。将差压测量范围平分为5点，进行刻度校验。先做正行程，后做反行程，将检验结果填入数据表。

● 迁移调整。加输入下限差压（迁移量），调零点螺钉使电压表读数为（1.000±0.004）V DC；加输入上限差压，调量程螺钉使电压表读数为（5.000±0.004）V DC。逐点校验，将检验结果填入数据表。

● 改变量程。调整零点：取消原有正、负迁移量，输入差压为零，调整零点螺钉，使输出电压为（1±0.004）V DC。

调整量程到需要值，若量程缩小，则当输入差压 ΔP 为零时，顺时针转动量程螺钉，使输出电压为：$\frac{原有量程}{所需量程}\times 1\text{V}$；若量程增大，则当输入差压为原有量程时，逆时针转动量程螺钉，使输出电压为：$\frac{原有量程}{所需量程}\times 5\text{V}$。

复校零点和量程，最后进行零点迁移调整。

【项目实施】

（1）制订计划

小组成员通过查询资料，讨论、制订计划，确定校验方法，写出校验方案，确定安装步骤，维护方法。并制订压力变送器的安装检验维护工作的文件。（教师指导讨论）形成以下书面材料：

① 确定安装检验维护方案；

② 安装检验维护流程设计，选择压力变送器、确定安装方法和检验与维护方案、划分实施阶段、确定工序集中和分散程度，确定安装检验和维护顺序；

③ 选择安装检验设备、辅助支架、安装维护工具等；

④ 成本核算；

⑤ 制订安全生产规划。

(2) 实施计划

根据本组计划，进行压力变送器的校验、安装、维护，并进行技术资料的撰写和整理工作。形成资料，评价时汇报。教师重点指导学生正确使用工具和安全操作，重点观察学生对材料的使用能力、规程与标准的理解能力、操作能力。

(3) 检查评估

根据压力变送器的安装、检验、维护工作结果，逐项分析。各小组推举代表进行简短交流发言，撰写任务报告。提出自评成绩。教师重点指导对不合格项目的分析。重点指导哪些工作可改进？如何改进？

以小组自评、各组互评、教师评价三者结合的方式，评价任务完成情况，主要检验下列几项：

① 压力变送器的校验是否准确；

② 安装方法是否合理；

③ 对所设故障诊断是否正确，维护是否得当。

若检验不符合要求，根据教师、同学建议，对各步进行修改。

学习评价表

班级：　　　　　　　　　　　姓名：　　　　　　　　　　　学号：

考核点及分值（100）		教师评价	互 评	自 评	得 分
知识掌握（20）		(80%)	(20%)		
计划方案制作（20）		(80%)	(20%)		
操作实施（20）		(80%)		(20%)	
任务总结（20）		(100%)			
公共素质评价	独立工作能力（4）	(60%)	(25%)	(15%)	
	职业操作规范（3）	(60%)	(25%)	(15%)	
	学习态度（4）	(100%)			
	团队合作能力（3）		(100%)		
	组织协调能力（3）		(100%)		
	交流表达能力（3）	(70%)	(30%)		

思考与复习题

1-1. 怎样选择压力仪表？

1-2. 所选压力仪表的结构是怎样的？

1-3. 简述所选压力仪表的工作原理。

1-4. 根据铭牌上的数据了解所给压力仪表的工作条件。

1-5. 根据现场条件，安装时注意些什么。

1-6. 根据假定故障，应怎样维护？

项目 2　流量检测仪表的安装

子项目 2.1　差压式流量变送器的安装

【项目任务】

根据教师给出的设计要求和现场条件算孔板的开孔直径、选择差压变送器，使用安装工具，将其安装到管路中，建立差压式流量检测系统。

【任务与要求】

通过录像、实物、到现场观察，认识差压式流量检测系统的构成，熟悉孔板计算方法，掌握差压式流量变送器的安装方法。

项目任务：

① 会孔板的计算；

② 会选择差压变送器；

③ 能进行差压式流量测量系统的安装；

④ 能进行三阀组的操作。

项目要求：

① 了解差压式流量计的工作原理、结构特点；

② 掌握孔板计算、选择差压变送器的方法；

③ 掌握差压式流量检测系统的安装与维护方法。

所需的工具条件：

类型	内　　容	类型	内　　容
安装图册	差压式流量计及其安装图册	检验调试仪器	专用仪表检验调试仪器
工具设备	仪表专用安装工具	通用计算机	通用计算机、投影设备

【学习讨论】

(1) 差压式流量计工作原理

差压式流量计由节流装置和差压计组成，它们之间用测量管和其他辅助器件连通。

差压式流量计的节流装置有标准节流装置和其他形式的节流装置。标准节流装置有标准孔板、标准喷嘴和文丘里管，其他形成节流装置有圆缺孔板、1/4 圆喷嘴、双重孔板等。节流装置的取压方式一般采用角接取压或法兰取压，根据使用条件和测量要求可采用径距取压或其他取压方式(理论取压、管接取压)。节流部件外形如图 2-1 所示。

节流装置取压方式，以标准孔板为例就有 5 种取压方式，常用的有角接取压、法兰取压

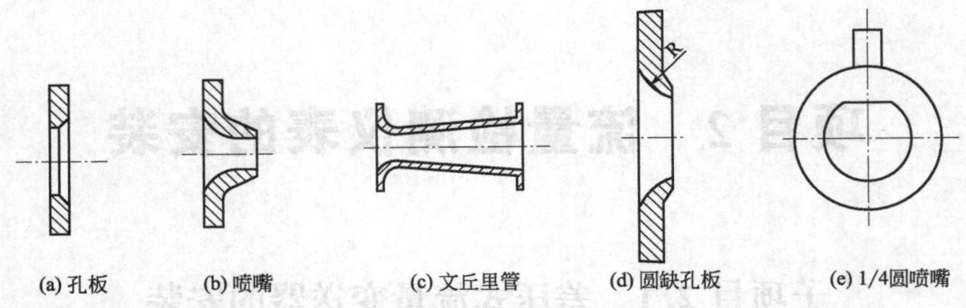

图 2-1 节流元件形式示意图

方式，另外，还有径距取压、理论取压、管接取压方式。

角接取压方式有两种：单独钻孔取压和环室取压。环室取压孔板的“+”、“−”环室取压孔的中心轴线应在环室厚度的1/2处，并与环室的轴线垂直相交。单独钻孔取压式在夹紧环上单独钻孔，孔板上、下游侧取压孔的孔轴线应对准法兰密封面侧的内径边角处，取压孔直径宜在4～10mm之间，且上、下游取压孔径应相等。

法兰取压方式：取压孔在法兰盘上，上、下游取压孔的中心轴线与孔板前后端面的距离为（25.4±0.8)mm，并垂直于管道的轴线。取压孔直径 $d \geqslant 0.08D$，最好取 d 在6～12mm之间。

流体在有节流装置的管道中流动时，在节流装置前后的管壁处，流体的静压力产生差异的现象称为节流现象。

节流装置包括节流元件和取压装置。节流元件是使管道中的流体产生局部收缩的元件，常用的节流元件有孔板、喷嘴和文丘里管等，下面以孔板为例说明节流现象。

在管道中流动的流体具有动能和位能，在一定条件下这两种能量可以相互转换。而根据能量守恒定律，流体所具有的静压能和动能，再加上克服流动阻力的能量损失，在没有外加能量的情况下，其总和是不变的。图2-2表示在孔板前后流体的速度与压力的分布情况。流

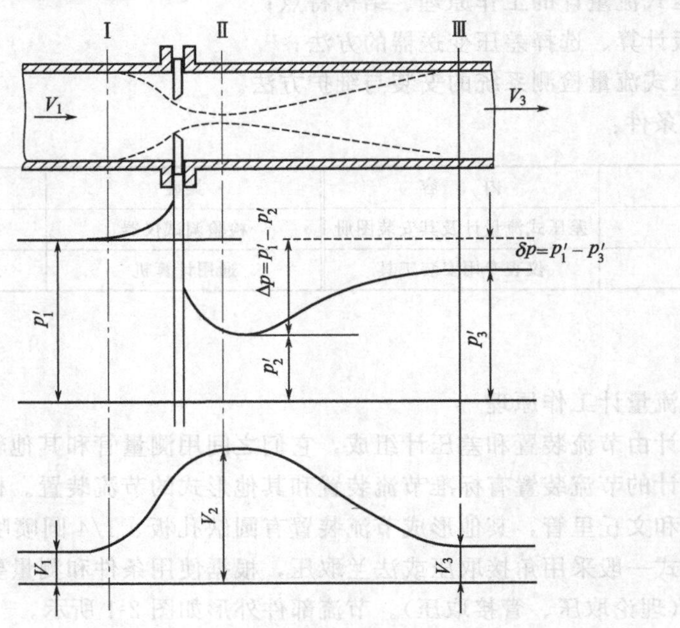

图 2-2 孔板装置及压力、流速分布图

体在管道截面Ⅰ前，以一定的流速 V_1 流动。此时的静压力为 p_1'。在接近节流装置时，由于遇到节流装置的阻挡，使靠近管壁处的流体受到节流装置的阻挡作用最大，因而使一部分动能转换为静压能，出现了节流装置入口端面靠近管壁处的流体静压力升高，并且比管道中心处的压力要大，即在节流装置入口端面处产生一径向压差，这一径向压差使流体产生径向附加速度，从而使靠近管壁处的流体质点的流向与管道中心轴线相倾斜，形成了流速的收缩运动。由于惯性作用，流速收缩最小的地方不在孔板的开孔处，而是在开孔处的截面Ⅱ处。根据流体流动的连续性方程，截面Ⅱ处的流体的流动速度最大，达到 V_2。随后流速又逐渐扩大，至截面Ⅲ后则完全恢复平稳状态，流速便降低到原来的数值，即$V_1=V_2$。

由于节流装置造成流速的局部收缩，使流体的流速发生变化，即动能发生变化。与此同时，表征流体静压能的静压力也在变化。在截面Ⅰ处，流体具有静压力 p_1'。到达截面Ⅱ时，流速增加到最大值，静压力则降低到最小值 p_2'，而后又随着流速的恢复而逐渐恢复，由于在孔板端面处，流通截面突然缩小和扩张，使流体形成局部涡流，要消耗一部分能量，同时流体流经孔板时，要克服摩擦力，所以流体的静压力不能恢复到原来的数值 p_1'，而产生了压力损失 $\delta_p=p_1'-p_2'$。

节流装置前流体的压力较高，称为正压，常以“+”标志；节流装置后流体压力较低，称为负压（不同于真空度的概念），常以“－”标志。节流装置前后压差的大小与流量有关。管道中流动的流体流量越大，在节流装置前后产生的压差也越大，只要测出孔板前后压差的大小，即可反映出流量的大小，这就是节流装置测量流量的基本原理。

值得注意的是：要准确地测量出截面Ⅰ与截面Ⅱ处的压力 p_1'和 p_2'是有困难的，这是因为产生最低静压力 p_2'的截面Ⅱ的位置随着流速的不同会改变的，事先根本无法确定。因此实际上是在孔板前后的管壁上选择两个固定的取压点，来测量流体在节流装置前后的压力变化的。因而所测得的压差与流量之间的关系，与测压点和测压方式的选择是紧密相关的。

实际流量方程式为

$$\text{体积流量：} q_V=0.003999\alpha\varepsilon d^2\sqrt{\Delta p/\rho_1} \tag{2-1}$$

$$\text{质量流量：} q_m=0.003999\alpha\varepsilon d^2\sqrt{\Delta p\rho_1} \tag{2-2}$$

式中　α——流量系数，它与节流装置的结构形式、取压方式、开孔截面积与管道截面积之比 m、雷诺数 Re、孔口边缘锐度、管壁粗糙度等因素有关；

ε——膨胀校正系数，它与孔板前后压力的相对变化量、介质的等熵指数、孔板开孔面积与管道截面积之比等因素有关（应用时可查阅有关手册而得），但对不可压缩的液体来说，常取 1；

d——节流装置的开孔直径；

Δp——节流装置前后实际测得的压力差；

ρ_1——节流装置前的流体密度。

由流量基本方程式可以看出，流量与压力差 Δp 的平方根成正比。所以用这种流量计测量流量时，如果不加开方器，流量标尺刻度是不均匀的。起始部分的刻度很密，后来逐渐变疏。在用差压式流量计测量流量时，被测流量值不应接近于仪表的下限值，否则误差将会很大。

(2) 孔板计算、差压变送器的选择方法

① 已知条件

● 被测介质名称；

- 被测介质流量 $q_{m\max}$（或 $q_{V\max}$），$q_{m\text{com}}$（或 $q_{V\text{com}}$），$q_{m\min}$（或 $q_{V\min}$）；
- 节流件上游取压孔处的工作压力（绝对压力）p_1，kPa；
- 节流件上游取压孔处的工作温度 t；
- 20℃时的管道内径 D_{20}，mm；
- 管道材料；
- 允许压力损失 δ_p，kPa；
- 管道内壁情况和上游局部阻力情况，直管段距离；
- 要求采用的节流件类型。

② 辅助计算

- 确定工作状态下的流量标尺上限。国产差压式流量计标尺上限系列为（1、1.25、1.6、2.5、3.2、4、5、6.3、8）$\times 10^n$，n 为零或整数，单位为 m^3/h 或 kg/h。一般应根据工艺所给的流量进行选择，使工艺所给出的最大流量不得超过流量标尺上限，工艺给出的常用流量最好指示在流量标尺的80%左右，最小流量最好指示在30%左右的位置上。
- 根据管道材质和节流件材质，确定线膨胀系数 λ_D 和 λ_d。
- 根据 D_{20} 和 λ_D 计算工作温度 t_1 下的管道内径 D。

$$D=D_{20}\left[\lambda_D\left(t_1-20\right)\right]$$

- 计算工作状态下的绝对压力 p_1。

$$p_1=p_a+p_{表}$$

- 计算工作状态下的密度 ρ_1。
- 求工作状态下黏度。
- 求雷诺数。

$$Re_{D_{\min}}=354\times 10^{-3}\frac{q_{m\min}}{D\mu_1}$$

$$Re_{D_{\text{com}}}=354\times 10^{-3}\frac{q_{m\text{com}}}{D\mu_1}$$

式中，$q_{m\min}$，$q_{m\text{com}}$ 单位为 kg/h；D 单位为 mm；μ_1 单位为 Pa·s。

- 求 K/D 值，检查 K/D 是否合格（K 为管道粗糙度）。

③ 确定差压计上限　差压上限的选择是标准节流装置设计计算中关键的一步。差压上限、流量标尺上限和节流件开孔直径比 β 是节流装置设计计算中三个相互关联的变量。差压上限值取得大，意味着 β 值取得小。β 值小的优点是流出系数开始呈现平稳时的雷诺数低，有助于测量范围的扩大；节流件上、下游所要求的直管段较短；有利于提高测量的准确度和灵敏度。其缺点是流体经过节流件时压力损失较大，增加了动力损耗；在测量静压力不大的气体和蒸汽时，$\Delta p/\rho_1$ 的比值增大，意味着在测量范围内的流束膨胀性系数 ε 将因被测流量的不同而有明显的变化，不利于提高测量的准确度。

由于差压上限与许多因素有关，并且有时相互间还存在矛盾，因此在确定差压上限时，要根据现场情况全面考虑。

如果对允许的压力损失，直管段长度等因素无特别规定时，可取 $\beta=0.5$，$C=0.60$ 按下式计算差压上限 Δp。

$$\Delta p=\left(\frac{q_m\sqrt{1-\beta^4}}{0.003999\beta^2D^2C}\right)^2\frac{1}{\rho_1}\tag{2-3}$$

并将计算结果圆整到比计算结果大，并接近它的系列值 Δp。

被测流体为液体时，应验证所求得的差压值是否符合 $p_2/p_1 \geqslant 0.75$ 的要求，符合时，即可用。不符合时，应取稍大的 β 值，重新计算差压上限值，直到符合 $p_2/p_1 \geqslant 0.75$ 时为止。

如果仅仅对允许的压力损失有特别规定时，可按经验公式确定差压上限值。即

$$\text{对于孔板 } \Delta p=(2\sim2.5)\delta_p \tag{2-4}$$

$$\text{对于长径喷嘴 } \Delta p=(3\sim3.5)\delta_p \tag{2-5}$$

式中 Δp 和 δ_p 应使用相同单位，并将计算结果圆整到较其小，但接近它的系列值 Δp。

当被测流体为气体时，同样要验证上述计算结果是否满足 $p_2/p_1 \geqslant 0.75$ 的要求，不符合要求时，可取较小的倍数计算差压上限值，直到符合 $p_2/p_1 \geqslant 0.75$ 为止。

对于大量使用节流装置和差压显示仪表的单位，为了便于管理和维护，应尽量减少差压显示仪表及备件的规格型号，应考虑尽量减少所使用的差压上限值的种类，具体建议如下：

- 被测流体的工作压力较高，允许的压力损失较大时，可选择差压上限为 $\Delta p=$ 40000Pa、60000Pa；
- 被测流体的工作压力中等，允许的压力损失亦属中等时，可选差压上限为 $\Delta p=$ 16000Pa、25000Pa；
- 被测流体的工作压力较低，允许的压力损失较小，可选差压上限为 $\Delta p=$ 6000Pa、10000Pa。

在确定差压上限后，即可根据有关资料确定差压计的规格型号。

④ 确定节流件开孔直径通过上述计算，已经确定出流量标尺上限和差压上限，并已知 d、β、D。则由流量公式可写出如下方程式。

$$\frac{C\varepsilon\beta^2}{\sqrt{1-\beta^4}}=\frac{q_m}{0.003999D^2\sqrt{\Delta p\rho_1}}=A_2 \tag{2-6}$$

$$\text{或}\frac{C\varepsilon\beta^2}{\sqrt{1-\beta^4}}=\frac{q_V}{0.003999D^2\sqrt{\Delta p/\rho_1}}=A_2 \tag{2-7}$$

公式左侧的未知数中 C、ε 与 β 有关，如果确定出 β 值，便可求出 C 与 ε，进而求出 d 值。一般是采用迭代法求出 β 值，即首先把工作状态下的已知值代入式(2-6) 或式(2-7) 的右边，计算出固定值 A_2，并将公式(2-6) 和式(2-7) 变换成式(2-8) 进行迭代。

$$\beta=\left[1+\left(\frac{C\varepsilon}{A_2}\right)^2\right]^{-1/4} \tag{2-8}$$

确定开孔直径 d 的设计计算程序如下。

- 根据常用流量 q、常用差压、D、ρ_1 计算出 A_2。
- 根据节流件不同，将 A_2 代入相关的 β_0 公式，求出 β_0。
- 按 β 公式进行迭代计算，求 β_n。
- 求 d 值，$d=\beta_n D$。
- 验算流量，当

$$\delta_{q_m}=\frac{q'_{m\text{com}}-q_{m\text{com}}}{q_{m\text{com}}}\times100\%<\pm0.2\% \tag{2-9}$$

时，即认为上述计算合格。

- 求 d_{20}（mm）和加工公差 Δd_{20}（mm）。

$$d_{20}=\frac{d}{1+\lambda_d(t_1-20)}$$

$$\Delta d_{20}=\pm 0.05\% d_{20} \tag{2-10}$$

- 求压损 δ_p。

$$\delta_p=\frac{\sqrt{1-\beta^4}-C\beta^4}{\sqrt{1+\beta^4}+C\beta^4}\Delta p \tag{2-11}$$

- 确定最小直管段长度 L_1 和 L_2。
- 估计流量测量的不确定度。

(3) 差压式流量计安装注意事项

差压式流量计的安装要求包括管道条件、管道连接情况、取压口结构、节流装置上下游直管段长度以及差压信号管路的敷设情况等。

安装要求必须按规范施工，偏离要求产生的测量误差，虽然有些可以修正，但大部分是无法定量确定的，因此现场的安装应严格按照标准的规定执行，否则产生的测量误差甚至无法定性确定。

以下按测量管、节流件以及差压信号管路几方面的安装分别介绍需要注意的事项。

① 测量管及其安装　测量管是指节流件上下游直管段，包括节流件夹持环及流动调整器（如果使用时），典型的测量管如图 2-3 所示。测量管是节流装置的重要组成部分，其结构及几何尺寸对进入节流件流体的流动状态有重要影响，所以在标准中对测量管的结构尺寸及安装有详细的规定。对于测量管及其安装应注意以下内容。直管段管道内径的确定方法；直管段的直度和圆度；直管段的内表面状况；直管段的必要长度；节流件夹持环；流动调整器。

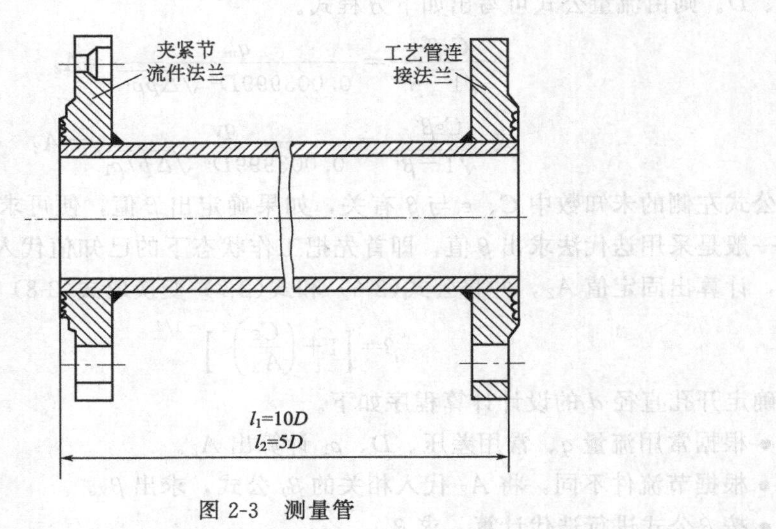

图 2-3　测量管

② 节流件的安装　节流件安装的垂直度、同轴度及与测量管之间的连接都有严格的规定。

- 垂直度节流件应垂直于管道轴线，其偏差允许在±1°之间。
- 同轴度节流件应与管道或夹持环（采用时）同轴。
- 节流件前后测量管的安装离节流件 2D 以外，节流件与第一个上游阻流件之间的测量管，可由一段或多段不同截面的管子组成。

③ 差压信号管路的安装　差压信号管路是指节流装置与差压变送器（或差压计）的导压管路。它是差压式流量计的薄弱环节，据统计差压式流量计的故障中引压管路最多，如堵塞、腐蚀、泄漏、冻结、假信号等，约占全部故障率的 70%，因此对差压信号管路的配置和安装应引起高度重视。

● 取压口　取压口一般设置在法兰、环室或夹持环上，当测量管道为水平或倾斜时取压口的安装方向如图 2-4 所示。它可以防止测液体时气体进入导压管或测气体时液滴或污物进入导压管。当测量管道为垂直时，取压口的位置在取压位置的平面上，方向可任意选择。不同温度条件下取压接头的安装方法如图 2-5 所示。

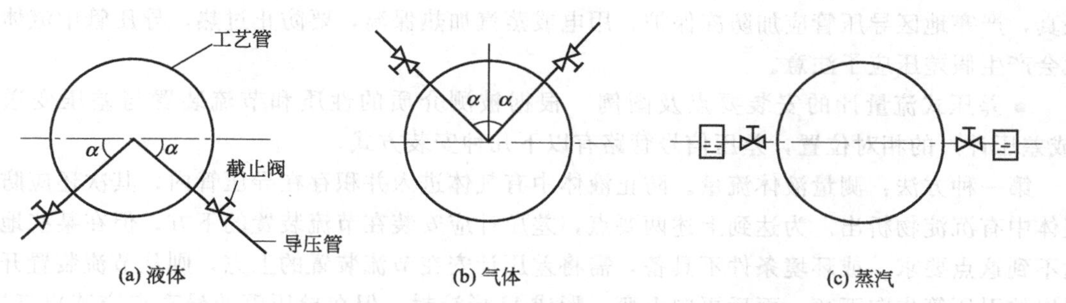

图 2-4　取压口位置安装示意图（α≤45°）

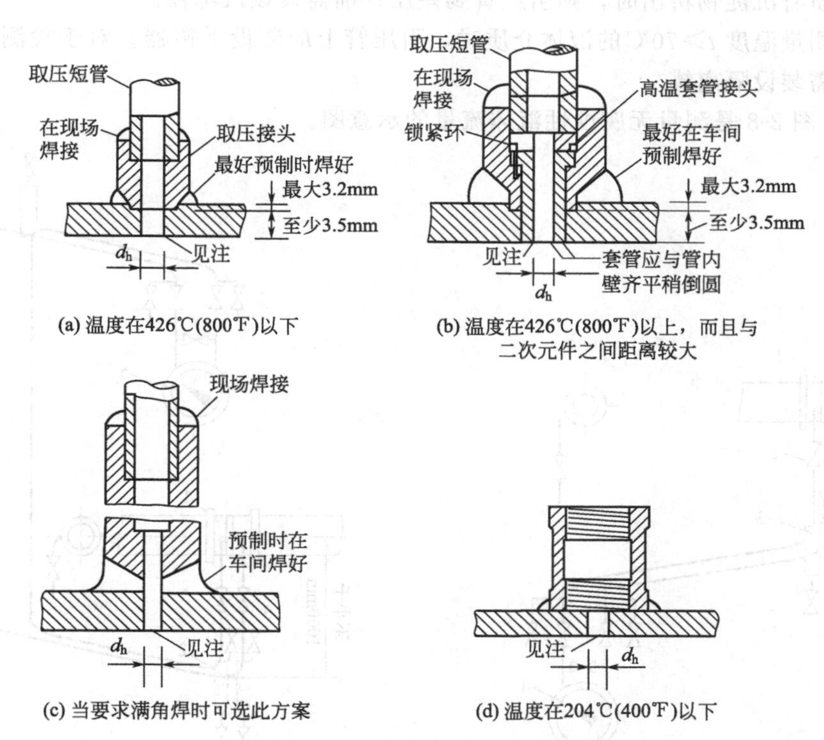

图 2-5　在管道上安装取压接头的方法

注：取压孔边缘应整齐，为直角或稍加倒圆，无毛刺、卷刃及其他缺陷

● 导压管　导压管的材质应按被测介质的性质和参数确定，其内径不小于 6mm，长度最好在 16m 以内，各种被测介质在不同长度时导压管内径的建议值如表 2-1。导压管应垂直或倾斜敷设，其倾斜度不小于 1∶12，黏度高的流体，其倾斜度应更增大。

表 2-1 导压管的内径和长度

导压管直径 mm / 导压管长度 m / 被测流体	<16000	16000～45000	45000～90000	导压管直径 mm / 导压管长度 m / 被测流体	<16000	16000～45000	45000～90000
水、水蒸气、干气体	7～9	10	13	低、中黏度的油品	13	19	25
湿气体	13	13	13	脏液体或气体	25	25	38

当导压管长度超过 30m 时，导压管应分段倾斜，并在最高点与最低点装设集气器（或排气阀）和沉淀器（或排污阀）。正负导压管应尽量靠近敷设，防止两管子温度不同使信号失真，严寒地区导压管应加防冻保护，用电或蒸汽加热保温，要防止过热，导压管中流体汽化会产生假差压应予注意。

● 差压式流量计的安装要点及图例　根据被测介质的性质和节流装置与差压变送器（或差压计）的相对位置，差压信号管路有以下几种安装方式。

第一种方法：测量液体流量。防止液体中有气体进入并积存在导压管内，其次还应防止液体中有沉淀物析出。为达到上述两要点，差压计应安装在节流装置的下方。但在某些地方达不到这点要求，或环境条件不具备，需将差压计安在节流装置的上方，则从节流装置开始引出的引压管先向下弯，而后再向上弯，形成 U 形液封。但在导压管的最高点应装集气器。对于被测介质有沉淀物析出时，则引压管到差压计前需装设沉降器。

此外，测量温度 $t>70$℃的液体介质时，引压管上应装设平衡器。对于检测黏性及腐蚀性介质时，需装设隔离罐。

图 2-6～图 2-8 是测量无腐蚀性液体流量的示意图。

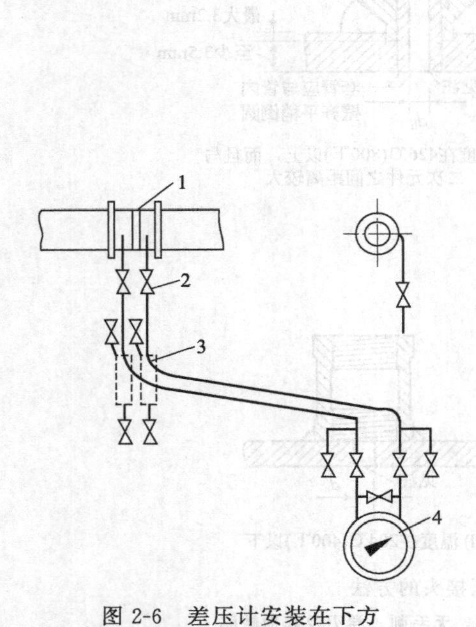

图 2-6　差压计安装在下方

1—节流装置；2—阀门；3—沉降器；4—差压计

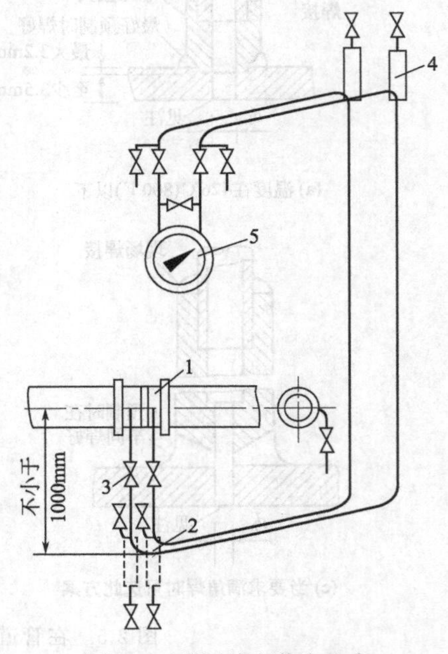

图 2-7　差压计安装在上方

1—节流装置；2—沉降器；3—阀门；4—集气器；5—差压计

第二种方法：检测气体流量。在安装时要防止液体污物或灰尘等进入导压管内，故差压计需安装在节流装置上方。如条件不具备，只能安装在下方时，则需在引压管的最低处装设

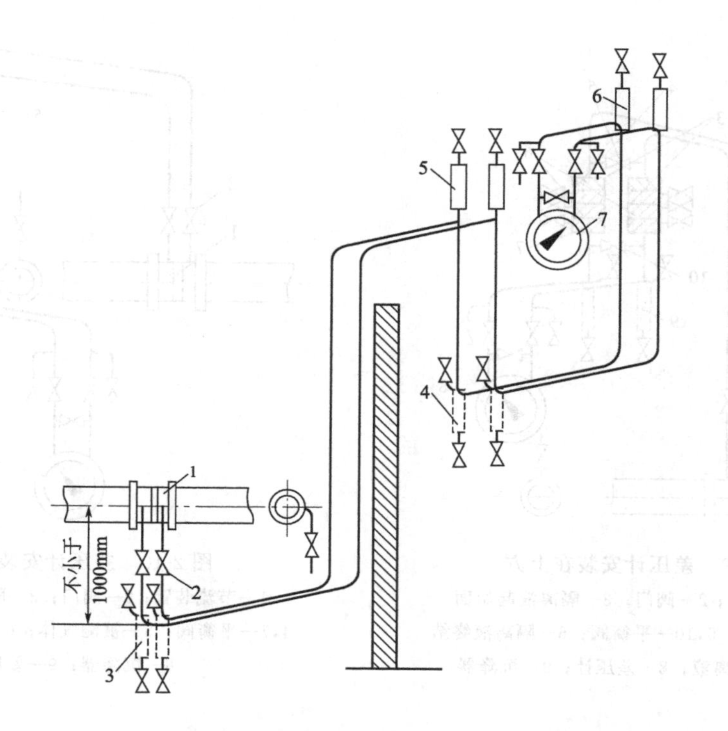

图 2-8　导压管分段倾斜，差压计安装在上方
1—节流装置；2—阀门；3,4—沉降器；5,6—集气器；7—差压计

沉降器，以便排出凝液和尘土。此外，当气体中含污物和灰尘时，在维修中要定期吹洗，以保持管线的洁净。对于有腐蚀性气体时，还需装设隔离罐。图 2-9、图 2-10 为测量具有腐蚀性气体流量时差压计的安装示意图。

第三种方法：测量水蒸气流量。要点是保持两根引压管内的冷凝液柱高度相等，防止高温蒸汽与差压计直接接触。为此，在近节流装置处的引压管路上装设两个平衡器。要求两平衡器及引压管内均充满冷凝液，并在同一水平面上装设平衡器，以免引入附加误差。此外，根据被测介质的物理特性及安装要点，节流装置应位于差压计的上方。如条件不具备，差压计装在节流装置上方时，应在引压管路的最高点处加装集气器。测量水蒸气流量时的安装示意图如图 2-11、图 2-12 所示。

（4）差压式流量计使用注意事项

一台差压式流量计能否可靠地运行，达到设计精确度的要求，正确使用是很重要的。尽管流量计的设计、制造及安装等都符合标准规定的要求，如果不注意使用问题，也可能前功尽弃，使用完全失败。以下列举若干应注意的问题。

差压式流量计标准规定的工作条件在实验室里可以满足，但是在现场要完全满足比较困难，可以说，偏离标准规定要求是难免的，这时重要的是要估计偏离的程度，如果能进行适当的补偿（修正）是最好的，否则要加大估计的测量误差。

差压式流量计检测件节流装置安装于现场严酷的工作场所，在长期运行后，无论管道或节流装置都会发生一些变化，如堵塞、结垢、磨损、腐蚀等。检测件是依靠结构形状及尺寸保持信号的准确度，因此任何几何形状及尺寸的变化都会带来附加误差。麻烦的是，测量误差的变化并不能从信号中觉察到，因此定期检查检测件是必要的。可以根据测量介质的情况

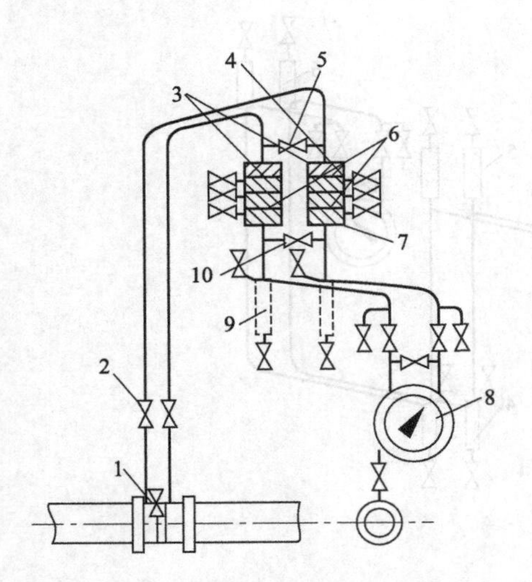

图 2-9 差压计安装在上方

1—节流装置；2—阀门；3—隔离液起始面；4—被测气体；5,10—平衡阀；6—隔离液终结面；7—隔离液；8—差压计；9—沉降器

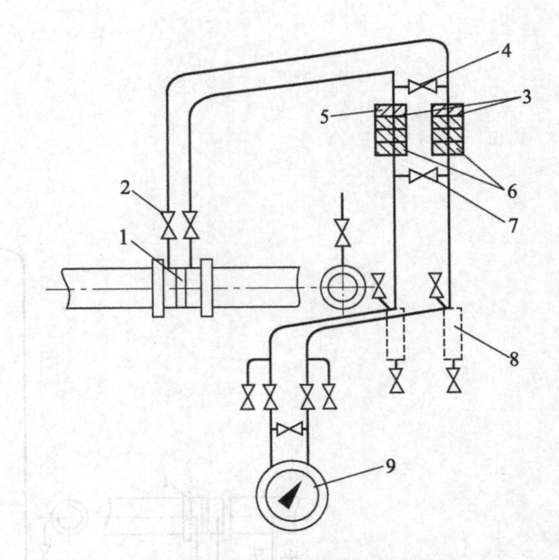

图 2-10 差压计安装在下方

1—节流装置；2—阀门；3—隔离液起始面；4,7—平衡阀；5—被测气体；6—隔离液终结面；8—沉降器；9—差压计

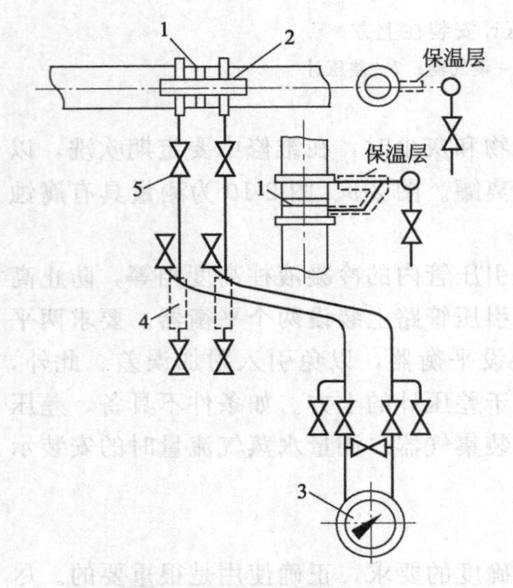

图 2-11 差压计安装在下方

1—节流装置；2—平衡器；3—差压计；4—沉降器；5—阀门

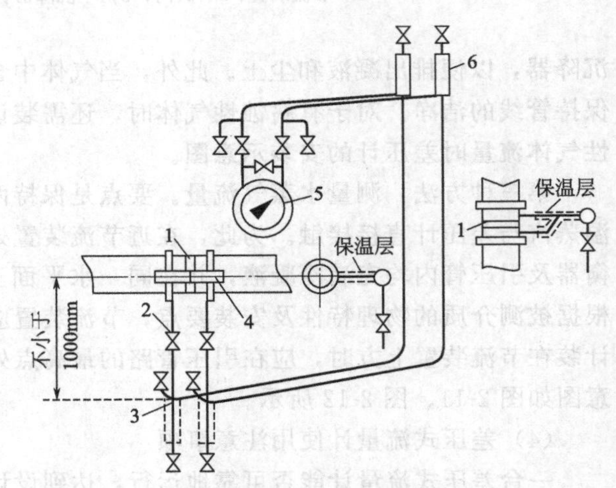

图 2-12 差压计安装在上方

1—节流装置；2—阀门；3—沉降器；4—平衡器；5—差压计；6—集气器

确定检查的周期，周期的长短无法统一规定，使用者应该根据自己的具体情况确定，有的可能要摸索一段使用时间才能掌握。

在节流装置设计计算任务书中要求用户详细填写使用条件，这些条件在仪表投用后发生变化是难免的，因为设计者很难估计工艺过程的一些变量，例如压力和温度的波动。有些工艺过程刚投用与运行一段时间发生变化是正常的。另外，经常有生产产量逐渐提高的事情。以上这些都会使被测介质的物性参数发生变化。这时使用者要及时检查工艺参数，对仪表进行修正或采取一些措施，如更换节流件，调整差压变送器量程等。

(5) 差压式流量计的投运

系统开车时，差压式流量计的投运要特别注意其投运步骤。

开表前，必须先使引压管内充满液体或隔离液，引压管中的空气要通过排气阀和仪表的放气孔排除干净。

在开表过程中，要特别注意差压计或差压变送器的弹性元件不能受突然的压力冲击，更不要处于单向受压状态。图 2-13 为差压式流量计测量示意图，现就投运步骤说明如下：

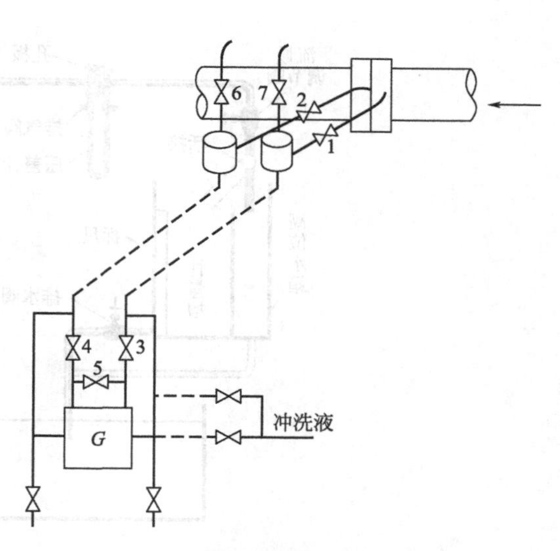

图 2-13　差压式流量计测量示意图

1,2—根部截止阀；3—正压侧切断阀；4—负压侧切断阀；5—平衡阀；6,7—排气阀

① 打开节流装置根部截止阀 1 和 2；

② 打开平衡阀 5，并逐渐打开正压侧切断阀 3，使差压计的正、负压室承受同样压力；

③ 开启负压侧切断阀 4，并逐渐关闭平衡阀 5，仪表即投入运行。

仪表停运时，与投运步骤相反，即先打开平衡阀 5，然后关闭正、负侧切断阀 3、4，最后再关闭平衡阀 5。

在运行中，如需在线校验仪表的零点，只需打开平衡阀 5，关闭切断阀 3、4 即可。

(6) 差压流量计的流量系数测定

通过实验加深理解差压式流量计的原理和特点，学习流量计校验方法，掌握非标准节流装置流量系数的测量及标定方法。

根据节流原理，液体通过节流装置时产生的压力差与流量对应，流量方程为

$$q_V = K\alpha\varepsilon d^2 \sqrt{\Delta p/\rho} \tag{2-12}$$

流量系数 $\alpha = C/\sqrt{1-\beta^4}$ 取决于流出系数 C 的取值。而 C 与节流元件的直径比 $\beta = d/D$，节流装置结构、取压方式、雷诺数 Re、管壁粗糙度等因素有关。对于确定的节流装置，C 只随雷诺数 Re 变化。只有当 Re 大于临界雷诺数的条件下，C 维持不变，α 可视为常数。

对于非标准节流装置，一般采用实流校验法标定，本实验采用流动启停静态容积校验法标定，通过计量在一段时间内流入计量槽的流体体积以求得流量。同时测量节流装置前后的压差，利用上式计算流量系数。

流量计标定流程如图 2-14 所示，离心泵将水从低位水箱打入孔板流量计，经过流量调节阀控制一定流量，经活接流入计量槽。流量校验结束后，放回水箱。压差利用 U 形管压差计读出。步骤如下。

① 准备　检查实验装置各阀门的状态，关闭泵出口阀，打开流量调节阀。将活接转至左侧溢流槽，关闭计量槽下排水阀。

② 启泵　启动离心泵，逐渐打开出口阀，慢慢打开差压计上的排气阀，以便排出管路中积存的空气，直至测压 U 形管内无气泡为止。

③ 测量　缓慢将流量调节阀关小，待系统内流体稳定，迅速扳动活接把水流引向计量

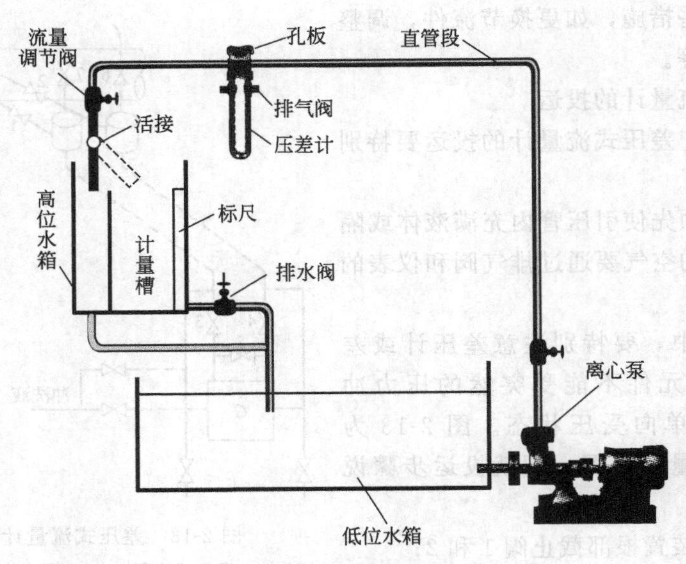

图 2-14 流量计标定流程图

槽，同时启动秒表开始计时。当计量槽液面上升到标尺设定高度（根据流量大小预先确定）时，扳动活接把水流引向左侧溢流槽，同时秒表停止计时，记录下此时液面的高度和秒表读数，以及压差计读数，填入表 2-2 中。之后打开排水阀，将计量槽内排空，准备下一次计量。

表 2-2 原始数据记录

序号	标尺前读数 h_1/mm	标尺后读数 h_2/mm	秒表读数 Δt/s	压差计读数 Δh/mm	压力差 Δp/Pa	流量 q_V/$m^3 \cdot s^{-1}$	流量系数 α
1							
2							
3							
4							
5							
6							
7							
8							
9							
10							

④ 调流量　缓慢将流量调节阀开口继续调小，由大流量到小流量重复上述步骤，并记录不同流量下的 8～10 组数据。

⑤ 做完实验后，关闭出口阀、流量调节阀，切断水泵电源，打开排水阀排净设备及管路中积水。

⑥ 处理实验数据　流经孔板的流量可根据计量槽中水量和秒表测得的时间确定，压差由 U 形管差压计液面高差 Δh 求得

$$q_V=\frac{\Delta V}{\Delta t}=\frac{h_2-h_1}{\Delta t}A \tag{2-13}$$

$$\Delta p=g(\rho_r-\rho_w)\Delta h \tag{2-14}$$

式中　ρ_w——水的密度，kg/m³；

ρ_r——U形管差压计工作液密度，kg/m³。

根据流量计算公式将流量和流量系数的计算结果填入表 2-2 中，分析流量系数的变化，找出临界状态下的流量系数，计算平均值和临界雷诺数。

【项目实施】

（1）制订计划

小组成员通过查询资料，讨论、制订计划，写出安装方案，确定安装步骤，维护方法。并制订差压式流量计的安装检验维护工作的文件。（教师指导讨论）形成以下书面材料：

① 确定安装检验维护方案；

② 安装检验维护流程设计，计算孔板、选表，确定安装方法、划分实施阶段、确定工序集中和分散程度，确定安装检验和维护顺序；

③ 选择安装检验设备、辅助支架、安装维护工具等；

④ 成本核算；

⑤ 制订安全生产规划。

（2）实施计划

根据本组计划，进行孔板计算、选表、安装、维护，并进行技术资料的撰写和整理工作。形成资料，评价时汇报。教师重点指导学生正确使用工具和安全操作，重点观察学生材料的使用能力、规程与标准的理解能力、操作能力。

（3）检查评估

根据差压式流量计的计算、安装结果，逐项分析。各小组推举代表进行简短交流发言，撰写任务报告。提出自评成绩。教师重点指导对不合格项目的分析。重点指导哪些工作可改进？如何改进？

以小组自评、各组互评、教师评价三者结合的方式，评价任务完成情况，主要检验下列几项：

① 孔板的计算是否正确；

② 差压仪表的选择是否正确；

③ 安装方法是否合理；

④ 对三阀组的操作是否正确。

若检验不符合要求，根据教师、同学建议，对各步进行修改。

子项目 2.2　转子流量计的安装

【项目任务】

根据现场条件选择转子流量计、安装工具，任务是对转子流量计进行校验，将其安装到管路中，并对教师设置的故障进行诊断、维护。

【任务与要求】

通过录像、实物、到现场观察，认识转子流量计结构，了解工作原理，掌握转子流量计的安装、校验、维护方法，将其安装到管路中，并对教师设置的故障进行诊断、维护。

项目任务：

① 能读懂转子流量计铭牌；

② 会转子流量计的选型；

③ 能进行转子流量计的安装；

④ 能对转子流量计的故障进行维护。

项目要求：

① 了解转子流量计的结构特点、使用方法；

② 熟悉转子流量计的选型；

③ 掌握转子流量计的安装、校验与维护方法。

所需的工具条件：

类型	内　容	类型	内　容
安装图册	转子流量计及其安装图册	检验调试仪器	专用仪表检验调试仪器
工具设备	仪表专用安装工具	通用计算机	通用计算机、投影设备

【学习讨论】

(1) 转子流量计工作原理

转子流量计又称面积式流量计或恒压降式流量计，也是以流体流动时的节流原理为基础的一种流量测仪表。

转子流量计的特点：可测多种介质的流量，特别适用于测量中小管径雷诺数较低的中小流量；压力损失小且稳定，反应灵敏，量程较宽（约 10∶1），示值清晰，近似线性刻度；结构简单，价格便宜，使用维护方便；还可测有腐蚀性的介质流量。但转子流量计的精度受测量介质的温度、密度和黏度的影响，而且仪表必须垂直安装等。

转子流量计是由一段向上扩大的圆锥形管子 1 和密度大于被测介质密度，且能随被测介质流量大小上下浮动的转子 2 组成，如图 2-15 所示。

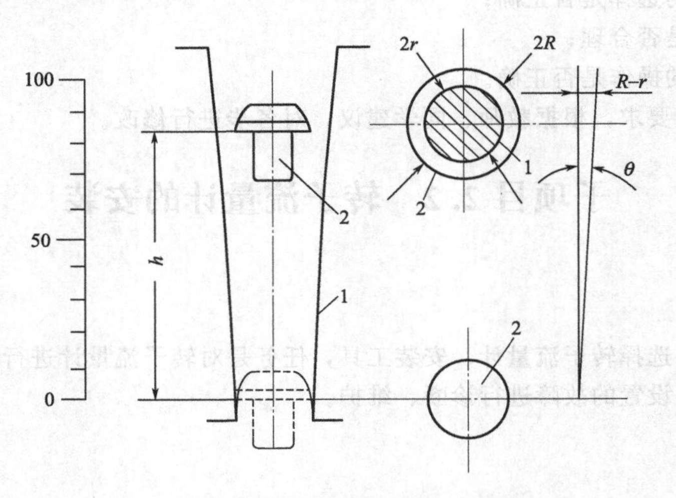

图 2-15　转子流量计原理示意图

从图 2-15 可知，当流体自下而上流过锥管时，转子因受到流体的冲击而向上运动。随着转子的上移，转子与锥形管之间的环形流通面积增大，流体流速减低，冲击作用减弱，直到流体作用在转子上向上的推力与转子在流体中的重力相平衡。此时，转子停留在锥形管中某一高度上。如果流体的流量再增大，则平衡时转子所处的位置更高；反之则相反，因此，根据转子悬浮的高低就可测知流体流量的大小。

从上可知，平衡流体的作用力是利用改变流通面积的方法来实现的，因此称它为面积式流量计，此外，无论转子处于哪个平衡位置，转子前后的压力差总是相同的。这就是转子流量计又被称为恒压降式流量计的缘故。它的流量方程式为

$$Q=\alpha\pi[2hr\tan\theta+(h\tan\theta)^2]\sqrt{\frac{2gV(\rho_f-\rho)}{F\rho}} \tag{2-15}$$

式中 r——转子的最大半径；

θ——形管的倾斜角；

V——转子的体积；

$V(\rho_f-\rho)$——转子在流体中的质量；

ρ_f——转子材质密度；

ρ——流体的密度；

F——转子的最大截面积；

α——与转子几何形状和雷诺数有关的流量关系。

由（2-15）可知：

① Q 与 h 之间并非线性关系，但因 θ 很小，可以视作线性，所以被引入测量误差，故精度较低（±2.5%）；

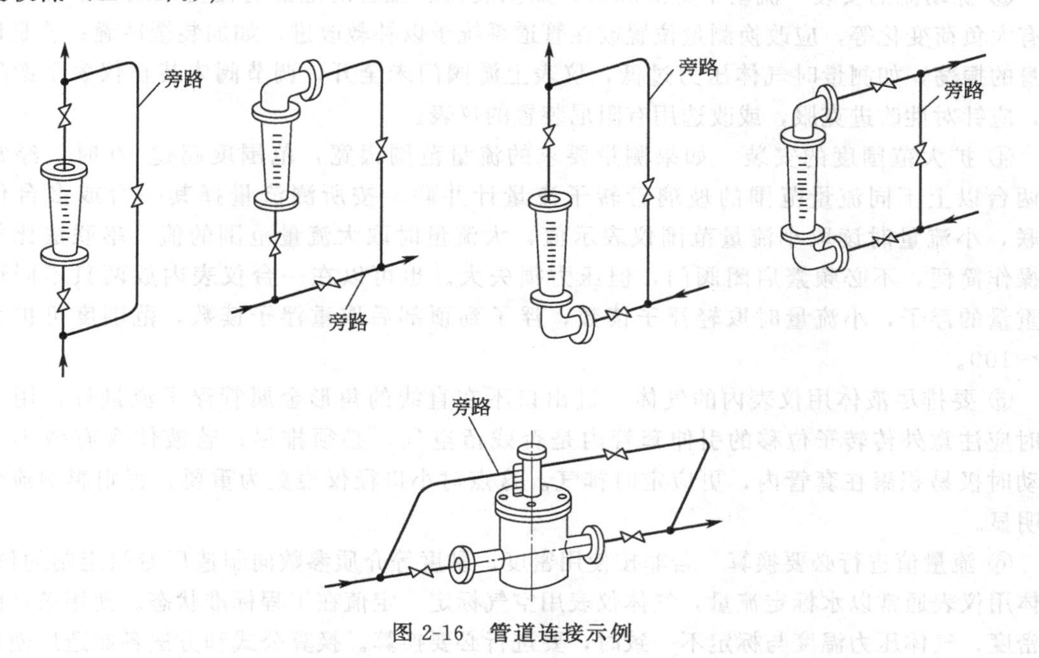

图 2-16 管道连接示例

② 影响测量精度的主要因素是流体的密度 ρ 的变化，因此在使用之前必须进行修正。

(2) 转子流量计安装注意事项

① 仪表安装方向 绝大部分转子流量计必须垂直安装在无振动的管道上，不应有明显

的倾斜，流体自下而上流过仪表。图 2-16 所示为管道连接示例，装有旁路管系以便不断流进行维护。转子流量计中心线与铅垂线间夹角一般不应超过 5°，高精度（1.5 级以上）仪表 $\theta \leqslant 2°$。如果 $\theta=12°$ 则会产生 1% 附加误差。仪表无严格上游直管段长度要求，但也有制造厂要求 $(2\sim5)D$ 长度的，实际上必要性不大。

② 用于污脏流体的安装　应在仪表上游装过滤器。带有磁性耦合的金属管转子流量计用于可能含铁磁性杂质流体时，应在仪表前装如图 2-17 所示磁过滤器。

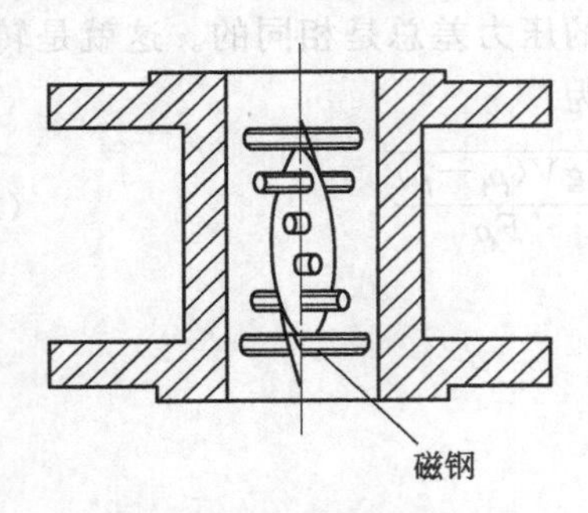

图 2-17　磁过滤器

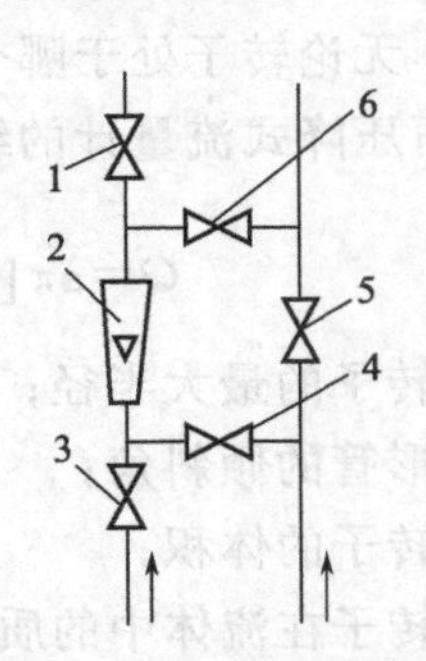

图 2-18　设置冲洗管线

1,3—冲洗阀；2—转子流量计；4,6—工作阀；5—旁路阀

要保持浮子和锥管的清洁，特别是小口径仪表，浮子洁净程度明显影响测量值。例如 6mm 口径玻璃管浮子流量计，在实验室测量看似清洁水，流量为 2.5L/h，运行 24h 后，流量示值增加百分之几，浮子表面沾附肉眼观察不出的异物，取出浮子用纱布擦拭，即恢复原来的流量示值。必要时可如图 2-18 所示设置冲洗配管，定时冲洗。

③ 脉动流的安装　流动本身的脉动，如拟装仪表位置的上游有往复泵或调节阀，或下游有大负荷变化等，应改换测量位置或在管道系统予以补救改进，如加装缓冲罐；若是仪表自身的振荡，如测量时气体压力过低，仪表上游阀门未全开，调节阀未装在仪表下游等原因，应针对性改进克服，或改选用有阻尼装置的仪表。

④ 扩大范围度的安装　如果测量要求的流量范围很宽，范围度超过 10 时，经常采用两台以上不同流量范围的玻璃管转子流量计并联，按所测流量择其一台或多台仪表串联，小流量时读取小流量范围仪表示值，大流量时取大流量范围的值，串联法比并联法操作简便，不必频繁启闭阀门，但压力损失大。也可以在一台仪表内放两只不同形状和重量的浮子，小流量时取轻浮子读数，浮子到顶部后取重浮子读数，范围度可扩大到 50～100。

⑤ 要排尽液体用仪表内的气体　进出口不在直线的角形金属管浮子流量计，用于液体时应注意外传转子位移的引伸套管内是否残留空气，必须排尽；若液体含有微小气泡流动时极易积聚在套管内，更应定时排气。这点对小口径仪表更为重要，否则影响流量示值明显。

⑥ 流量值进行必要换算　若非按使用密度、黏度等介质参数向制造厂专门定制的仪表，液体用仪表通常以水标定流量，气体仪表用空气标定，定值在工程标准状态。使用条件的流体密度、气体压力温度与标定不一致时，要进行必要换算。换算公式和方法各制造厂使用说明书都有详述。

⑦ 转子流量计的校验和标定　转子流量计的校验或标定液体常用标准表法、容积法或称量法；气体常用钟罩法，小流量用皂膜法。

国外有些制造厂的大宗产品已做到干法标定，即控制锥形管尺寸和转子重量尺寸，间接地确定流量值，以降低成本，只对高精度仪表才作实流标定。国内也有些制造厂严格控制锥形管起始点内径和锥度以及浮子尺寸，实流校验只起到检查锥形管内表面质量。这类制造厂生产的仪表、锥形管和转子已做成互换，不必成套更换。

浮子流量计采用标准表法校验是一种高效率方法，应用较为广泛。有些制造厂将某一流量范围的标准表制成数段锥度较小玻璃管浮子流量计，扩展标准表标尺长度，提高标准表精度，使校验标定工作做到高精度高效率。

(3) 常见故障分析判断

转子流量计常见故障现象、原因及对策如表 2-3。

表 2-3 常见故障现象、原因及对策

故障现象	原因	对策
实际流量与指示值不一致	因腐蚀，转子质量、体积、最大直径变化；锥形管内径尺寸变化	换耐腐蚀材料。若转子尺寸与调换前相同，可按新质量、密度换算或重新标定；若尺寸也不同则必须重新标定。转子最大直径圆柱面磨耗使表面粗糙，影响测量值颇大，换新转子工程塑料制成或包衬的转子，可能产生溶胀，最大直径和体积变化，换用合适材料的转子
	转子、锥形管附着水垢污脏等异物层	清洗，防止损伤锥形管内表面和转子最大直径圆柱面，保持原有光洁度
	液体物性变化	使用时与设计的液体密度、黏度等物性不一致，按变化后物性参数修正或评定流量值
	气体、蒸汽、压缩性流体温度压力变化	温度、压力等运行条件变化对流量测量值影响颇灵敏，按新条件进行换算修正
	流动脉动，气体压力急剧变化，指示值波动	虽然转子偶发挑动影响不大，但周期性振荡，管道系统必须设置缓冲装置，或者改用有阻尼机构的仪表
	液体中混入气泡，气体中混入液滴	混入物改变密度等影响，进行必要改进、排除
	用于液体时仪表内部死角贮留气体，影响浮子部件浮力	对小流量仪表及运行在低流量时影响显著、排除气体
流量变动而转子或指针移动迟缓	转子和导向轴间有微粒等异物或导向轴弯曲等原因卡住	拆卸、检查、清洗、铲除异物或固着层，校直导向轴。导向轴弯曲原因大多是电磁阀快速启闭，转子急剧升降冲击所致，改变运作方式
	带磁耦合转子组件磁铁四周附着铁粉或颗粒	拆卸清除。运行初期利用旁路管(即流体不流过流量计)充分冲洗管道。为防止长期使用，管道可能产生铁锈，可在表前装磁过滤器
	指示部分连杆或指针卡住	手动与磁铁涡合连接的运动连杆，有卡阻部位调整。检查旋转轴与轴承间是否有异物阻碍运动，清除或换零件
	工程塑料转子和锥形管或塑料衬里溶胀，或热膨胀而卡住	换耐介质腐蚀材料的新零件。较高温度介质尽量不用塑料，改用耐腐蚀金属材料的零件
	磁耦合的磁铁磁性下降	卸下仪表，用手上下移动转子，确认指示部分指针等平稳地跟随移动；不跟随或跟随不稳定则换新零件或充磁。为防止磁性减弱，禁止两耦合件相互打击

【项目实施】

(1) 制定计划

小组成员通过查询资料，讨论、制定计划，确定校验方法，写出校验方案，确定安装步骤，维护方法。并制定转子流量计的安装检验维护工作的文件。（教师指导讨论）形成以下书面材料：

① 确定安装检验维护方案；

② 安装检验维护流程设计：选择转子流量计、确定安装方法和检验与维护方案、划分实施阶段、确定工序集中和分散程度，确定安装检验和维护顺序；

③ 选择安装检验设备、辅助支架、安装维护工具等；

④ 成本核算；

⑤ 制订安全生产规划。

（2）实施计划

根据本组计划，进行转子流量计的校验、安装、维护，并进行技术资料的撰写和整理工作。形成资料，评价时汇报。教师重点指导学生正确使用工具和安全操作，重点观察学生材料的使用能力、规程与标准的理解能力、操作能力。

（3）检查评估

根据转子流量计的安装、检验、维护工作结果，逐项分析。各小组推举代表进行简短交流发言，撰写任务报告。提出自评成绩。教师重点指导对不合格项目的分析。重点指导哪些工作可改进？如何改进？

以小组自评、各组互评、教师评价三者结合的方式，评价任务完成情况，主要检验下列几项：

① 转子流量计的校验是否准确；

② 转子流量计安装方法是否合理；

③ 对所设故障诊断是否正确，维护是否得当。

若检验不符合要求，根据教师、同学建议，对各步进行修改。

子项目 2.3 电磁流量计的安装

【项目任务】

根据现场条件选择电磁流量计、安装工具，任务是对电磁流量计进行校验，将其安装到管路中。

【任务与要求】

通过录像、实物、到现场观察，认识电磁流量计结构，了解工作原理，掌握电磁流量计的安装、校验、维护方法。对电磁流量计进行校验，将其安装到管路中。

项目任务：

① 能读懂电磁流量计铭牌；

② 能进行电磁流量计的安装，校验。

项目要求：

① 了解电磁流量计的结构特点、使用方法；

② 掌握电磁流量计的安装、校验方法。

所需的工具条件：

类型	内　容	类型	内　容
安装图册	电磁流量计及其安装图册	检验调试仪器	专用仪表检验调试仪器
工具设备	仪表专用安装工具	通用计算机	通用计算机、投影设备

【学习讨论】

(1) 电磁流量计工作原理

电磁流量计是测速式流量计，适用于具有导电性液体体积流量的测量。流量传感器测量通道内壁涂有防腐层，在测量通道内无任何固定或可动的节流部件，对流体无压力损失，其输出特性与被测液体的密度、黏度、流动状况无关，可用于测量有腐蚀性或带有固体微粒的流体及浆状物料。但是，它不能测量气体、蒸汽和非导电性液体。

工作原理是基于法拉第电磁感应定律。定律要点是导体在磁场中做切割磁力线方向运动时，导体受磁场感应产生感应电势 E（即发电机工作原理）。传感器测量通道内的磁场是由安装在测量通道外壳壁上的励磁线圈在励磁电流作用下产生的交变磁场。检测元件为两根电极棒，分别安装在传感器壳体两侧的棒孔部位，且两极棒各有一端头在传感器通道内壁处，与通道内流体保持良好的电气接触，如图 2-19 所示。

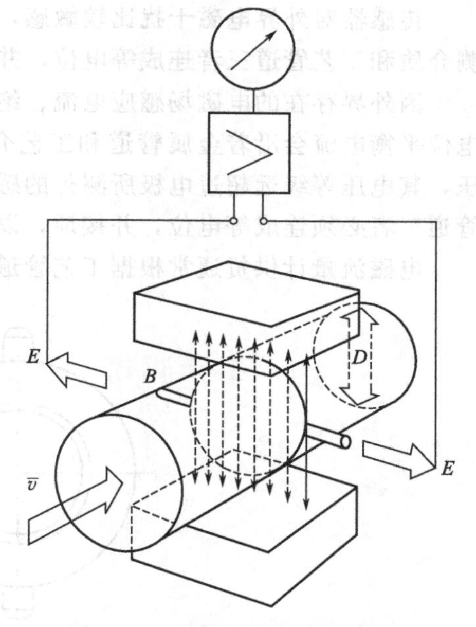

图 2-19　电磁流量计工作原理图

当导电流体流经传感器通道时，导电流体流向垂直于磁力线方向，流体流动时切割磁力线，在导电流体中有感应电势 E 产生，感应电势与流速之间的关系式为

$$E=KBD\overline{v} \tag{2-16}$$

式中　E——感应电势，V；

K——系数；

B——交变矩形波磁感应强度，T；

D——传感器通道的内径，m；

$\overline{v}$——流体在通道内的平均流速，m/s。

由式(2-16) 可知，感应电势与流体的平均流速成正比关系，所以说电磁流量计属测速式流量计。流体所感应的电势由两支与液体接触的电极检出，并传送至转换器，由转换器完成信号放大，并转换成标准的输出信号输送至显示器和累计单元。

电磁流量计的特性与被测介质的物性和压力、温度无关，电磁流量计经出厂前的校准后，在测量导电性介质的流量时，所测得的体积流量示值无需进行修正。

信号转换器的输出是以频率输出，转换器的转换标准是：无论传感器的口径及测量范围，其输出为标准频率，即 1m/s 流速转换为 1000 脉冲/s，当被测液体流速为 2.304m/s 时，其输出频率为 2.304kHz。

至于频率与流量之间的关系，知道频率就知道平均流速，平均流速与传感器流通截面积（即 $\pi D^2/4$）的乘积为流体的体积流量 Q，关系式为：

$$Q=\frac{\pi D^2}{4}\overline{v} \tag{2-17}$$

(2) 电磁流量计安装注意事项

电磁流量计结构无可动部分，安装并不复杂，只是电气方面的要求较严格。

传感器和转换器是成套包装，配套使用，不可随意更换。传感器体较重，搬运过程中应注意设备与人身安全。传感器的使用条件是流经测量通道内的液体必须处在充满状况，传感器安装位置应优选在垂直管道上，且垂直管道内液体必须是自下而上流动。传感器不可安装在工艺管路最高水平管段上，管段最高处易集聚气体。在水平或倾斜的工艺管道上安装，传感器上游侧直管段不可小于 $5D$，下游直管段不小于 $2D$。传感器安装位置应远离强磁场，安装位置附近应无动力设备或磁力启动器等。如果传感器测量通道内有防腐衬里，传感器不可在负压状态下工作或泵吸入口管道上安装。传感器与工艺管道之间采用法兰连接，紧固螺栓时不可拧得过紧，否则会损坏传感器法兰口聚四氟乙烯涂层，建议用力矩扳手紧固螺母。传感器在水平或倾斜工艺管道上安装，其两支检测电极应处于水平位置，不允许处在工艺管道的正上方和正下方的位置。口径大于 300mm 的传感器应专设支架支撑。

传感器对外界电磁干扰比较敏感，为了消除电磁干扰和使用安全，应将传感器外壳、被测介质和工艺管道三者连成等电位，并要求独立接地，接地电阻小于 10Ω。

因外界存在的电磁场感应电流、绝缘故障漏电流和危险区域采用的电位平衡器所产生的电位平衡电流会沿着金属管道和工艺介质流动，这些电流在传感器的电极上会产生干扰电压，其电压等级远超过电极所测得的感应电势，因此，要求将传感器外壳、被测介质和工艺管道三者必须连成等电位，并接地，以消除外界干扰。

电磁流量计供货通常根据工艺管道材质配置接地环，接地环形式如图 2-20 所示。

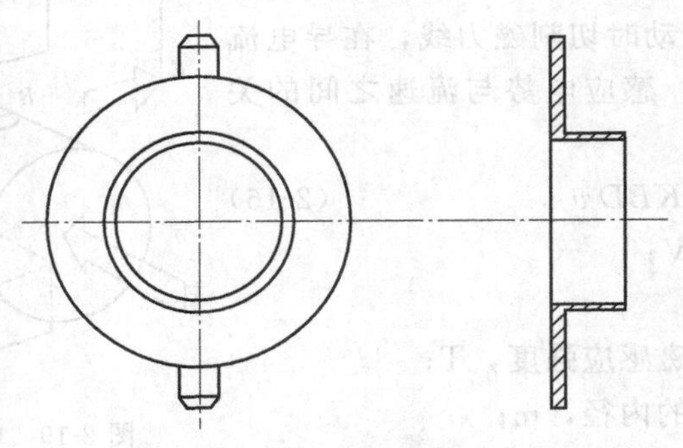

图 2-20 接地环外形图

接地环材质为耐腐蚀不锈钢，接地环长约 30mm。

工艺管道为了防腐常采用塑料管或在金属管道内涂绝缘防腐漆或衬里，而电磁流量计常常应用在腐蚀性较强的场合。

对于绝缘材质管道或管道内涂绝缘层的管道，仅用接地线将法兰连接起来的办法是不可能实现等电位接地的，应采取特殊措施，在传感器两端法兰口处各装一只接地环，把接地环圆管颈插入法兰口内，使接地环与管内液体有良好的电气接触，再用接地线将法兰与接地环连接起来。接地连接线应选用 $16mm^2$ 多股铜芯线。传感器的接地方法如图 2-21 所示。

转换器与传感器匹配成套，信号转换器是根据传感器的检测参数设定电气参数。成套仪表应成套安装，否则转换器必须重新设定。

信号转换器安装位置应尽可能靠近传感器安装，有利于减小外部电磁干扰对信号传输线

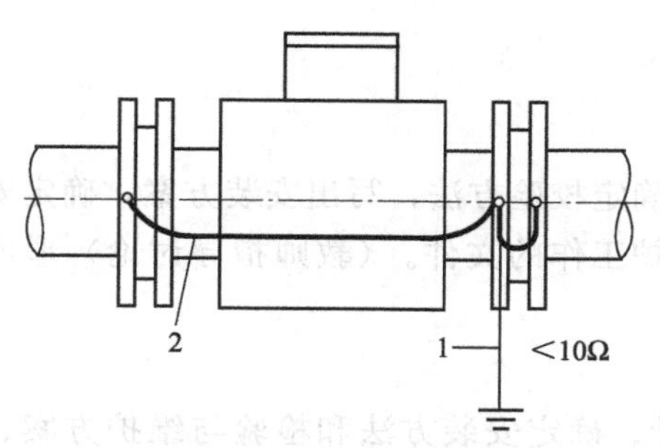

(a) 金属管道内无绝缘材料涂层接地方式
1—测量接地；2—接地线16mm²铜线

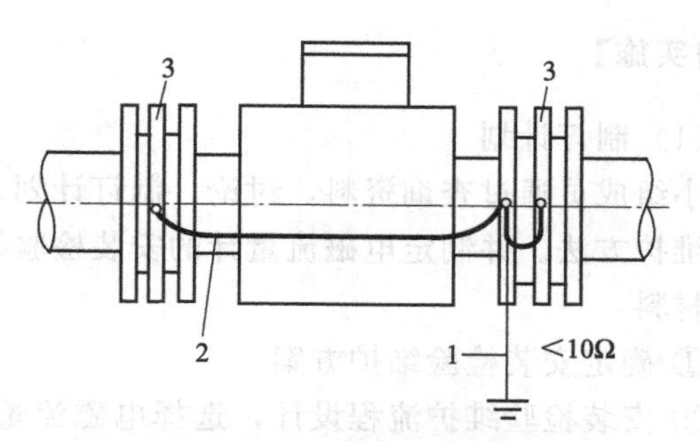

(b) 金属管内涂绝缘涂层或非金属管接地方式
1—测量接地；2—接地线16mm²铜线；3—接地环

图 2-21　等电位接地连接图

的影响和信号强度的损失。通常使用制造厂提供的 5m 长度的屏蔽信号电缆将转换器与传感器连接起来。厂家提供的屏蔽信号电缆有两种型号，一种为单层屏蔽信号电缆，另一种为三层屏蔽信号电缆。两种型号电缆的接地方式是有区别的，应根据到货的电缆决定屏蔽接地方式。

如果信号电缆为单层屏蔽，要求外屏蔽层为一端接地，接地端接于传感器端子 1，三芯电缆中的两根线为信号线，分别接于 2、3 端子，另一根芯线作为内屏蔽线，内屏蔽应两端接地，屏蔽线的两端应分别接在传感器和转换器的 1 端子上，如图 2-22(a) 所示。如果到货电缆为三层屏蔽信号电缆，则按图 2-22(b) 所示接线，最外层屏蔽层（铁质）为一端接地，接于传感器 1 端子，第二层为内屏蔽层（铜质），屏蔽层两端分别接于传感器和转换器的 1 端子，两根芯线屏蔽层为一端接地，分别接于转换器 20、30 端子。

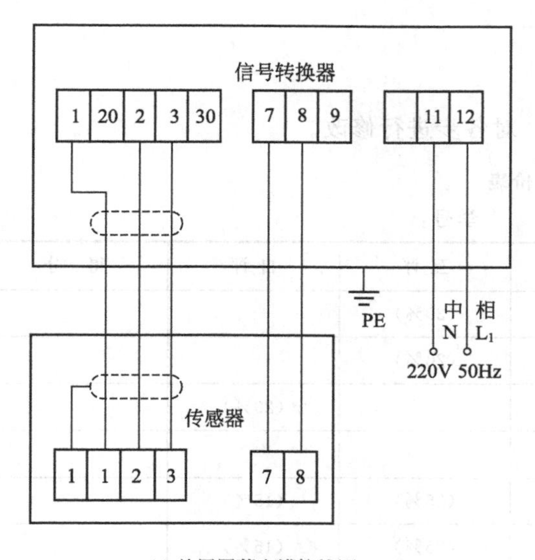

(a) 单层屏蔽电缆接线图

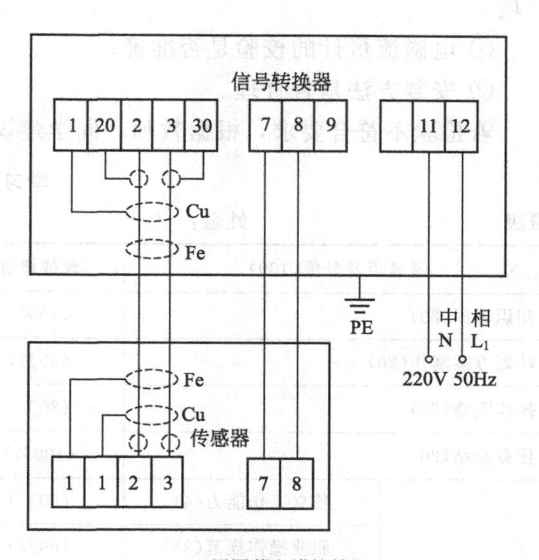

(b) 三层屏蔽电缆接线图

图 2-22　电磁流量计接线图

另外，在转换器与传感器之间还有一根供电电缆，是转换器给传感器激励线圈提供交变脉动电流用的专用电缆。为避免直流磁场对导电液体产生极化现象，给测量精确度带来影响，电磁流量计通常采用交变电流励磁，产生交变磁场。

【项目实施】

(1) 制订计划

小组成员通过查询资料，讨论、制订计划，确定校验方法，写出安装方案，确定安装步骤，维护方法。并制定电磁流量计的安装检验维护工作的文件。（教师指导讨论）形成以下书面材料：

① 确定安装检验维护方案；

② 安装检验维护流程设计，选择电磁流量计、确定安装方法和检验与维护方案、划分实施阶段、确定工序集中和分散程度，确定安装检验和维护顺序；

③ 选择安装检验设备、辅助支架、安装维护工具等；

④ 成本核算；

⑤ 制订安全生产规划。

(2) 实施计划

根据本组计划，进行电磁流量计的校验、安装、维护，并进行技术资料的撰写和整理工作。形成资料，评价时汇报。教师重点指导学生正确使用工具和安全操作，重点观察学生材料的使用能力、规程与标准的理解能力、操作能力。

(3) 检查评估

根据电磁流量计的安装、检验、维护工作结果，逐项分析。各小组推举代表进行简短交流发言，撰写任务报告。提出自评成绩。教师重点指导对不合格项目的分析。重点指导哪些工作可改进？如何改进？

以小组自评、各组互评、教师评价三者结合的方式，评价任务完成情况，主要检验下列几项：

① 电磁流量计的校验是否准确；

② 安装方法是否合理。

若检验不符合要求，根据教师、同学建议，对各步进行修改。

学习评价表

班级：　　　　　　　　姓名：　　　　　　　　学号：

考核点及分值(100)		教师评价	互 评	自 评	得 分
知识掌握(20)		(80%)	(20%)		
计划方案制作(20)		(80%)	(20%)		
操作实施(20)		(80%)		(20%)	
任务总结(20)		(100%)			
公共素质评价	独立工作能力(4)	(60%)	(25%)	(15%)	
	职业操作规范(3)	(60%)	(25%)	(15%)	
	学习态度(4)	(100%)			
	团队合作能力(3)		(100%)		
	组织协调能力(3)		(100%)		
	交流表达能力(3)	(70%)	(30%)		

思考与复习题

2-1. 如何进行孔板计算和选择差压计?
2-2. 如何操作三阀组?
2-3. 安装差压式流量测量仪表应注意哪些问题?
2-4. 简述转子流量计的工作原理。
2-5. 简述电磁流量计的工作原理。
2-6. 根据现场条件，安装转子流量计时注意些什么?
2-7. 根据现场条件，安装电磁流量计时注意些什么?

项目 3　温度检测仪表的安装

子项目 3.1　热电阻的安装

【项目任务】

选择热电阻、安装工具，任务是对热电阻进行校验、安装，并对教师设置的故障进行诊断、维护。

【任务与要求】

通过录像、实物、到现场观察，认识热电阻结构，了解工作原理、接线方法，掌握热电阻的安装、校验、维护方法。

项目任务：

① 读懂热电阻铭牌；

② 热电阻的选型；

③ 进行热电阻的安装，校验；

④ 能对热电阻的故障进行维护。

项目要求：

① 了解热电阻的结构特点；

② 熟悉热电阻的选型；

③ 掌握热电阻的安装、校验与维护方法。

所需的工具条件：

类　型	内　容
安装图册	热电阻及其安装图册
工具设备	仪表专用安装工具
检验调试仪器	专用仪表检验调试仪器

【学习讨论】

（1）热电阻测温原理

热电阻温度计是生产过程中常用的一种温度计，常规检测系统由热电阻感温元件、显示仪表和连接导线组成。热电阻的工作原理是利用金属导体的电阻值随着温度的变化而变化这一基本特性来测量温度。

热电阻温度计的特点是精确度高、性能稳定，便于实施远距离测量和温度集中控制。缺点是感温元件存在传感滞后，连接导线线路电阻受环境温度变化影响。

热电阻材质都用纯金属丝制成，金属铂和铜应用最为广泛。另外，也有采用镍、锰等金属。制作感温元件的电阻材料，一般应具有电阻温度系数大、热容量小，在测温范围内其物理、化学性能稳定，电阻与温度之间的特性近似线性，易于加工制造等特性。用于绕制电阻丝的骨架有一定的技术要求，如绝缘性能、强度要求等，常用的骨架材料有石英玻璃、云母片、陶瓷。用于较低温度范围的骨架还可用塑料材质。

铂热电阻以0℃时的电阻值 R_0 定义分度号，$R_0=10\Omega$ 时，分度号为Pt10；$R_0=100\Omega$ 时，分度号为Pt100。Pt10铂热电阻感温元件是用较粗的铂丝绕制而成，耐温性能优于Pt100铂热电阻，主要用于650～850℃温区。Pt100铂热电阻主要用于650℃以下温区。Pt100铂热电阻的分辨率是Pt10铂热电阻分辨率的10倍，对显示仪表的要求相应要低一个数量级，因此在650℃以下温区一般选用Pt100铂热电阻。

铜热电阻测量范围较窄，只适合于－50～150℃温度范围。铜热电阻温度系数较大，且材料提纯容易，价格便宜，适用于一些测量准确度要求不是很高，且温度较低的场合。

（2）热电阻安装注意事项

参考0.1.7.1和0.1.7.2的内容。

（3）常见故障分析判断

热电阻常见故障及处理方法如表3-1。

表3-1　热电阻常见故障及处理方法

故障现象	可能原因	处理方法
显示仪表示值偏低或示值不稳	保护管内有金属屑或灰尘	除去金属屑，清扫灰尘
	接线柱间积灰以及热电阻短路	找出短路点，加好绝缘
显示仪表指示无穷大	热电阻或引出线断路	更换热电阻或焊接断线处（焊毕要校验）
显示仪表指示无穷小	显示仪表与热电阻接线有误或电阻短路	改正接线，找出短路处，加好绝缘
阻值与温度的关系有变化	热电阻材料受腐蚀变质	

（4）热电阻校验

用标准电阻箱代替不同温度下的热电阻值，作为变送器输入，以检查变送器输出。通过调节零点电位器、量程电位器使变送器的输出满足要求，再按温度变送器量程的0%、25%、50%、75%、100%五处检验点校验，以便确定其性能。步骤如下。

① 校验接线。按图3-1接线，检查正确后通电预热10min后，就可进行校验。数字电压表和标准电流表选用其中之一。

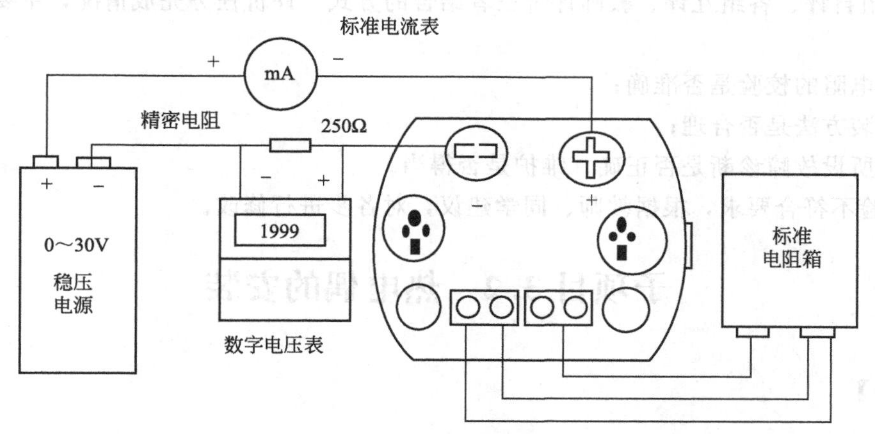

图3-1　热电阻温度变送器校验接线图

② 热电阻变送器校验

● 查热电阻的分度表，将变送器量程上限温度，按0%、25%、50%、75%、100%分为五挡，查出各校验点温度下的输入电阻值R_{tn}。

● 输入零点电阻R_{t0}。调节零点电位器使输出为（1.000±0.004）V输入满度信号，调节量程电位器使输出为（5.000±0.004）V。反复调节零点、量程电位器使输出均满足要求。

● 分别输入0%、25%、50%、75%、100%，测量输出电压应分别为（1.000±0.004）V、(2.000±0.004)V、(3.000±0.004)V、(4.000±0.004)V、(5.000±0.004)V。

【项目实施】

（1）制订计划

小组成员通过查询资料，讨论、制订计划，确定校验方法，写出校验方案，确定安装步骤，维护方法。并制定热电阻的安装检验维护工作的文件。（教师指导讨论）形成以下书面材料：

① 确定安装检验维护方案；

② 安装检验维护流程设计，选择热电阻、确定安装方法和检验与维护方案、划分实施阶段、确定工序集中和分散程度，确定安装检验和维护顺序；

③ 选择安装检验设备、安装维护工具等；

④ 成本核算；

⑤ 制订安全生产规划。

（2）实施计划

根据本组计划，进行热电阻的校验、安装，维护，并进行技术资料的撰写和整理工作。形成资料，评价时汇报。教师重点指导学生正确使用工具和安全操作，重点观察学生材料的使用能力、规程与标准的理解能力和操作能力。

（3）检查评估

根据热电阻的安装、检验、维护工作结果，逐项分析。各小组推举代表进行简短交流发言，撰写任务报告。提出自评成绩。教师重点指导对不合格项目的分析。重点指导哪些工作可改进？如何改进？

以小组自评、各组互评、教师评价三者结合的方式，评价任务完成情况，主要检验下列几项：

① 热电阻的校验是否准确；

② 安装方法是否合理；

③ 对所设故障诊断是否正确，维护是否得当。

若检验不符合要求，根据教师、同学建议，对各步进行修改。

子项目3.2 热电偶的安装

【项目任务】

选择热电偶、安装工具，任务是对热电偶进行校验、安装，并对教师设置的故障进行诊断、维护。

【任务与要求】

通过录像、实物、到现场观察，认识热电偶结构，了解工作原理、接线方法，掌握热电偶的安装、校验、维护方法。

项目任务：

① 读懂热电偶铭牌；

② 热电偶的选型；

③ 进行热电阻的安装、校验；

④ 能对热电偶的故障进行维护。

项目要求：

① 了解热电偶的结构特点；

② 熟悉热电偶的选型；

③ 掌握热电偶的安装、校验与维护方法。

所需的工具条件：

类 型	内 容
安装图册	热电偶及其安装图册
工具设备	仪表专用安装工具
检验调试仪器	专用仪表检验调试仪器

【学习讨论】

（1）热电偶测温原理

热电偶温度计的测温原理是基于两种不同材质的金属线组合成一个闭合回路，如图 3-2 所示。当两接点 A、B 所处温度不同时，回路内有电流产生，当 A、B 两接点所处温度相同时，则回路中电流消失，这种现象称为热电效应。

热电效应是不同材质的导体自由电子的密度不同，当两种不同材质的导体接触时，电子密度较大的导体电子向电子密度较小的导体扩散，随着扩散过程，电子在 A、B 接触处形成电场，这个电场又阻碍电子继续进行扩散，直到电子的转移速度等于电场所引起的反向电子转移速度，就处于动平衡状态。在这种状态下，两根导线之间就存在一定的电位差。

对同一导体而言，如果一根导线的两端所处的温度不同，它两端的自由电子密度也不相等，高温端的电子向低温转移，直至平衡。高温端带正电荷，低温端带负电荷，高、低温端之间也存在一定电位差。

测量温度时应将热电偶接入测量仪表，如图 3-2 所示，可将热电偶的一端 B 接点拆开，

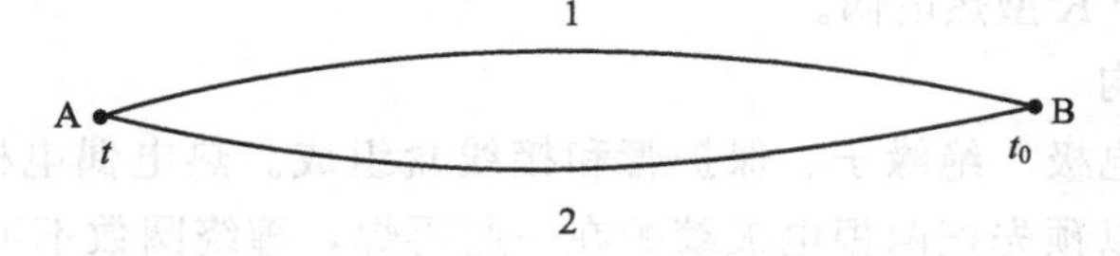

图 3-2 热电偶的工作原理图

接入测量仪表 M，如图 3-3 所示。热电偶接入测量仪表时可接入第三种导体，只要第三种导体导线的两端温度相同，热电偶的热电势就不会因第三种导线的介入而变化。如果第三种导线的两端温度不等，热电偶的热电势将会发生变化，热电势的变化与导体材质和接点处温度 t_0 有关。

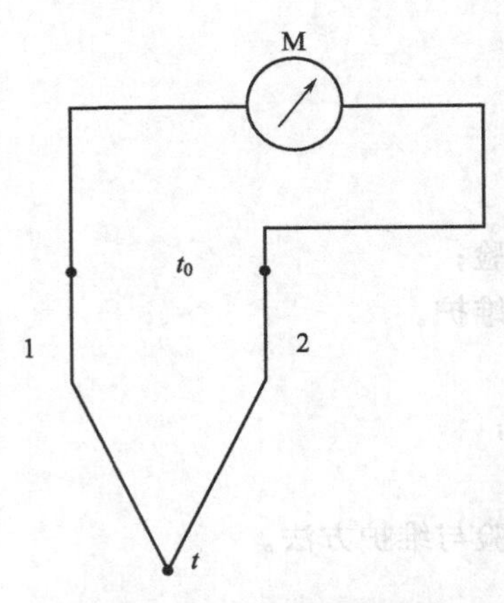

图 3-3 热电偶温度计电路

通常将热电偶电子密度较大的金属极称为正极，电子密度较小的金属极称为热电偶的负极。用于测温的接点 t 称为热端或工作端。热电偶的接线端 t_0，称为冷端或参考端。

接线端 1、2 两端点之间的热电势可用下式表示：

$$E_t = e(t) - e(t_0) \tag{3-1}$$

式中 E_t——热电偶的热电势；

$e(t)$——工作端温度为 t 时的热电势；

$e(t_0)$——冷端温度为 t_0 时的热电势。

从式中可知，当冷端温度恒定时，热电偶产生的热电势仅与工作端温度有关。热电偶分度表已规定了各种热电偶的热电势（mV）与工作端温度（℃）的对应关系。各分度号热电偶的分度值是在冷端温度为 0℃的条件下，使工作端处在不同温度下实测获取的。在冷端温度恒定的条件下，热电偶产生的热电势仅与工作端的温度有关，与热电偶的电极直径、长度无关。热电偶的热电特性近似为线性。

热电偶的种类较多，中国目前推荐使用品种有铂铑 10-铂（分度号 S），长期使用最高温度为 1300℃，短期使用最高温度为 1600℃；铂铑 30-铂铑 6（分度号 B），长期使用最高温度为 1600℃，短期使用最高温度为 1800℃；镍铬-镍硅（分度号为 K），其使用范围为－200～1300℃；铁-铜镍（分度号 J），也称铁-康铜，其使用范围为 0～750℃；铜-康铜（分度号 T），使用温度为－200～350℃；镍铬-康铜（分度号为 E），其热电偶的使用温度为－200～900℃；铂铑 13-铂（分度号 R），测温范围与分度号 B 相同；钨铼 3-钨铼 25（分度号为WRe3～WRe25），使用温度范围 0～2300℃；镍铬硅-镍铬（分度号 N），温度范围为－200～1300℃，其热电偶综合性能优于 K 型热电偶。

（2）热电偶的结构

热电偶由热电偶电极、绝缘子、保护管和接线盒组成。热电偶电极的接点是焊接而成，可以是对接焊，也可以预先把两根电极绞缠在一起再焊，缠绕圈数不可超过 3 圈，否则测温工作点不是在焊接点，而是在缠绕处的末端。为保证两热电极之间的绝缘，在两热电极上分别套入绝缘子（瓷管、石英管），防止极与极之间、极与保护管之间短路。保护管用于保护热电极免受化学腐蚀和机械损伤。保护管的材质一般为无缝钢管、不锈钢管、陶瓷管及石英管，工作端通常为封闭端（少数场合也使用露头端），热电极插入保护管内，热电极冷端两极分别接于保护管上端接线盒的接线端子上。另外，还有一种铠装式热电偶，是将热电偶丝、绝缘粉（氧化镁）组装于不锈钢管内，再经模压拉实成整体，它与上述组装式热电偶比较，具有外径小、长度较长、抗振、有挠性、热响应速度快、安装方便等优点。

保护管材质是依据最高使用温度和被测介质的化学性质来选取的，热电偶多数用于测量中高温区，尤其在高温区1000℃以上，多选用Cr25Ti不锈钢、工业陶瓷及氧化铝、刚玉套管等。

热电偶的形式除了普通装配式、铠装式外，另外还有为了提高响应速度或抑制干扰源影响的接壳式（即热电极热端接点与保护管端头内壁接触）；有用于测量设备、管道外壁或旋转体表面温度的端（表）面热电偶；有用于测量含有坚质颗粒介质的耐磨热电偶；有用于多点测量的铠装多点热电偶。

热电偶在应用时注意冷端温度补偿问题。

（3）热电偶安装注意事项

热电偶取源部件的安装事项与本项目中热电阻取源部件安装事项基本相同，另外，热电偶取源部件的安装位置应远离强磁场。

热电偶温度测量系统组成形式，除了由热电偶一体化温度变送器-电缆-显示仪表所组成的系统不用补偿导线，其他组成形式，如热电偶-补偿导线-温度变送器-电缆-显示仪表，热电偶-补偿导线-专用显示仪表，热电偶-补偿导线-冷端补偿器-电缆-显示仪表都采用补偿导线。

从温度测量系统组成来看，安装工作应注意以下几点。首先应核查热电偶、温度变送器、冷端补偿器、专用显示仪表和补偿导线的分度号，分度号必须一致；接线之前应仔细分辨热电偶、补偿导线和相关仪表设备的极性，正、负极不可接反；补偿导线应穿管敷设，保护管之间的连管应保持良好的电气连续性，保护管与热电偶接线盒之间用金属软管连接。采用带屏蔽层的补偿导线电缆，屏蔽层应一端接地。

热电偶与热电阻的安装方法如下。

① 首先应测量好热电偶和热电阻螺牙的尺寸，车好螺牙座。

② 要根据螺牙座的直径，在需要测量的管道上开孔。

③ 螺牙座的焊接。把螺牙座插入已开好的孔内，把螺牙座与被测量的管道焊接好。

④ 把热电偶或热电阻旋进已焊接好的螺牙座。

⑤ 按照接线图将热电偶或热电阻的接线盒接好线，并与表盘上相对应的显示仪表连接。注意接线盒不可与被测介质管道的管壁相接触，保证接线盒内的温度不超过0～100℃范围。接线盒的出线孔应朝下安装，以防因密封不良，水汽灰尘等沉积造成接线端子短路。

⑥ 热电偶或热电阻安装的位置，应考虑检修和维护方便。

（4）常见故障分析判断如下。

① 显示最大值：热电极断路，检查接线处和焊接处。

② 显示不稳定：多为虚接，检查接线是否松动、螺丝是否拧紧。

③ 热电势比实际值小（显示仪表指示值偏低）：潮湿所致，则需进行干燥；绝缘子损坏所致，则需更换绝缘子；热电偶的接线柱处积灰所致，清扫积灰；补偿导线线间短路所致，找出短路点，加强绝缘或更换补偿导线；热电偶热电极变质所致，在长度允许的情况下，剪去变质段重新焊接，或更换新热电偶；补偿导线与热电偶极性接反所致，重新接正确；补偿导线与热电偶不配套所致，更换相配套的补偿导线；热电偶安装位置不对或插入深度不符合要求所致，重新按规定安装；热电偶冷端温度补偿不符合要求所致，调整冷端补偿器；热电偶与显示仪表不配套所致，更换热电偶或显示仪表使之相配套。

（5）热电偶校验

用手动电位差计输出标准电势代替热电势，作为变送器输入，以检查变送器输出。通过调节零点电位器、量程电位器使变送器的输出满足要求，再按温度变送器量程的0%、25%、50%、75%、100%五处检验点校验，以便确定其性能。

步骤如下。

① 校验接线。按图3-4接线，检查正确后通电预热10min后，就可进行校验。数字电压表和标准电流表选用其中之一。

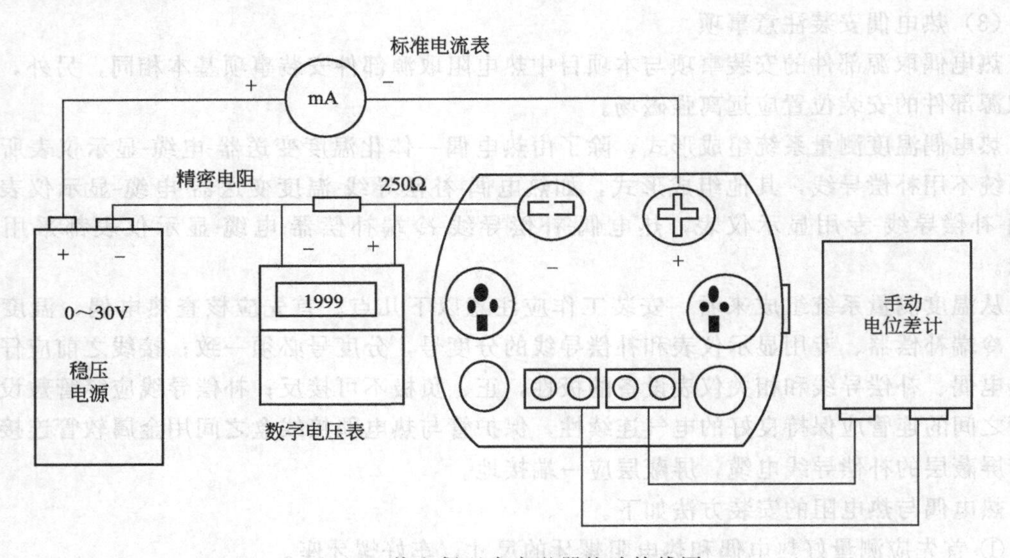

图 3-4 热电偶温度变送器校验接线图

② 热电偶变送器校验。

- 查热电偶所对应分度的分度表，列出温度-毫伏对照表，用精密玻璃温度计测量环境温度，并查出对应毫伏值 E_{AB}（T_0，0）。将变送器量程上限温度按0%、25%、50%、75%、100%分为五挡。查热电势分度表，减去环境温度对应毫伏值，得到各校验温度下的输入毫伏值 E_{AB}（T_n，T_0）。
- 输入零点信号（0mV），调节零点电位器使输出为（1.000±0.020）V。输入满度信号，调节量程电位器使输出为（5.000±0.020）V。反复调节零点、量程电位器使输出均满足要求。
- 分别输入0%、25%、50%、75%、100%，测量输出电压应分别为（1.000±0.020）V、（2.000±0.020）V、（3.000±0.020）V、（4.000±0.020）V、（5.000±0.020）V。

【项目实施】

（1）制订计划

小组成员通过查询资料，讨论、制订计划，确定校验方法，写出校验方案，确定安装步骤，维护方法。并制定热电偶的安装检验维护工作的文件。（教师指导讨论）形成以下书面材料。

① 确定安装检验维护方案；

② 安装检验维护流程设计，选择热电偶、确定安装方法和检验与维护方案、划分实施阶段、确定工序集中和分散程度、确定安装检验和维护顺序；

③ 选择安装检验设备、安装维护工具等；

④ 成本核算；

⑤ 制订安全生产规划。

（2）实施计划

根据本组计划，进行热电偶的校验、安装、维护，并进行技术资料的撰写和整理工作。形成资料，评价时汇报。教师重点指导学生正确使用工具和安全操作，重点观察学生材料的使用能力、规程与标准的理解能力和操作能力。

（3）检查评估

根据热电偶的安装、检验、维护工作结果，逐项分析。各小组推举代表进行简短交流发言，撰写任务报告。提出自评成绩。教师重点指导对不合格项目的分析。重点指导哪些工作可改进？如何改进？

以小组自评、各组互评、教师评价三者结合的方式，评价任务完成情况，主要检验下列几项：

① 热电偶的校验是否准确；

② 安装方法是否合理；

③ 对所设故障诊断是否正确，维护是否得当。

若检验不符合要求，根据教师、同学建议，对各步进行修改。

学习评价表

班级：　　　　　　　　　　　　姓名：　　　　　　　　　　学号：

考核点及分值(100)		教师评价	互　评	自　评	得　分
知识掌握(20)		(80%)	(20%)		
计划方案制作(20)		(80%)	(20%)		
操作实施(20)		(80%)		(20%)	
任务总结(20)		(100%)			
公共素质评价	独立工作能力(4)	(60%)	(25%)	(15%)	
	职业操作规范(3)	(60%)	(25%)	(15%)	
	学习态度(4)	(100%)			
	团队合作能力(3)		(100%)		
	组织协调能力(3)		(100%)		
	交流表达能力(3)	(70%)	(30%)		

思考与复习题

3-1. 怎样选择测温元件?

3-2. 热电偶、热电阻的结构是怎样的?

3-3. 使用热电偶时为什么要进行冷端温度补偿?

3-4. 使用热电阻时为什么要采用三线制接线?

3-5. 根据现场条件，安装热电偶、热电阻时注意些什么?

3-6. 根据假定故障，怎样维护?

项目4　液位检测仪表的安装

子项目4.1　浮筒式液位计的安装

【项目任务】

选择浮筒式液位计、安装工具，任务是对浮筒式液位计进行校验，将其安装到设备中，并对教师设置的故障进行诊断、维护。

【任务与要求】

通过录像、实物、到现场观察，认识浮筒式液位计结构，了解工作原理，掌握浮筒式液位计的安装、校验、维护方法。对浮筒式液位计进行校验，将其安装到设备中，并对教师设置的故障进行诊断、维护。

项目任务：

① 能读懂浮筒式液位计铭牌；

② 能进行浮筒式液位计的安装，校验。

项目要求：

① 了解浮筒式液位计的结构特点；

② 熟悉浮筒式液位计的选型；

③ 掌握浮筒式液位计的安装、校验与维护方法。

所需的工具条件：

类　型	内　容
安装图册	浮筒式液位计及其安装图册
工具设备	仪表专用安装工具
检验调试仪器	专用仪表检验调试仪器
通用计算机	通用计算机、投影设备

【学习讨论】

(1) 浮筒式液位计的工作原理

浮筒式液位计的结构组成如图4-1所示，检测部分由浮筒、杠杆、扭力管、芯轴、外壳、轴承等部件组成。浮筒由一定重量的不锈钢材质制成，它垂直悬挂在杠杆的一端，杠杆的另一端与扭力管和芯轴的一端固定连接在一起，芯轴套在扭力管中心，并由外壳上的支点所支撑，扭力管的另一端固定在外壳上，芯轴的另一端为自由端，由轴承支撑，芯轴的自由

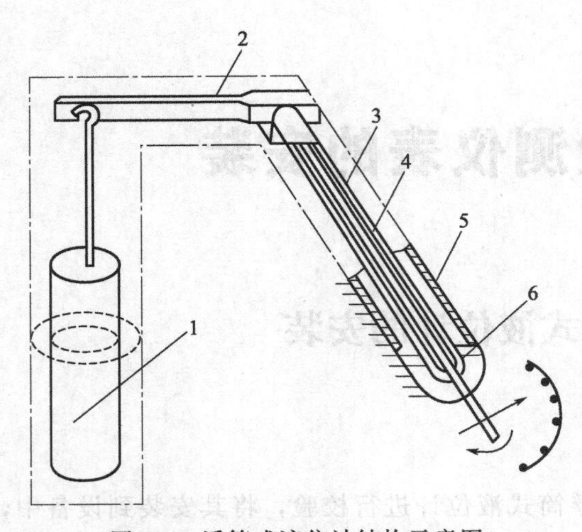

图 4-1 浮筒式液位计结构示意图

1—浮筒；2—杠杆；3—扭力管；

4—芯轴；5—外壳；6—轴承

端上固定一指针，对应于一圆形刻度标盘，用来指示液位。

当液位低于浮筒底部时，浮筒所受的浮力为零，浮筒的全部重量作用于杠杆一端，杠杆在浮筒重力作用下向下偏转，杠杆的另一端由于扭力管的外壳套孔的支撑，将力以力矩的形式对扭力管产生扭力矩，这时，扭力管承受的扭力矩最大，扭力管的弹性变形产生反扭力矩来平衡外部的扭力矩，芯轴随着扭力管的弹性变形方向转动一个角度，指针也相应转相同的角度，此时，指针指示的刻度盘的位置就是零液位。

当液体液位升高，液面高于浮筒底部，浮筒的一部分浸泡入液体之中，浮筒受到液体的浮力，浮力的大小等于浮筒浸入液体的体积与被测液体介质密度的乘积（阿基米得定律），此时，杠杆一端所承受的力 F 为浮筒重量（即重力）W 减去浮筒所受的浮力 $F_{浮}$，即

$$F=W-F_{浮}=W-Ah\rho \tag{4-1}$$

式中 A——浮筒的截面积；

h——浮筒浸没于被测介质的深度；

ρ——被测介质的密度。

随着液位的上升，浮筒被浸没的体积增大，浮筒所受的浮力也增大，浮筒作用于杠杆的作用力随着减小，扭力管所受到的扭力矩也逐渐减小，芯轴所产生的角位移也相应减小，指针指向与液位高度相应的刻度示值。扭力管和芯轴角位移还可通过气动或电动附加装置转换成气动或电动信号，用于远传显示、记录和调节。变浮力式液位计工作原理是基于浮子所受浮力是随着液位的变化而变化。

浮子式液位计结构形式，以浮子安装位置划分有外浮子式、内浮子式、内浮筒式、外浮筒式；以仪表功能划分有就地式、远传式、调节式；以信号类别划分有电动式、气动式；以平衡方式划分有位移平衡式、力平衡式和自动平衡式等。

内浮子（筒）式安装，是浮子、浮筒安装于容器内部，如图 4-2、图 4-3 所示。

外浮子式液位计浮子安装在容器外部，浮子外壳有螺纹式或法兰式连接口，螺纹连接或法兰用短管与容器连通。外浮筒式液位计安装形式，如图 4-4 所示。

(2) 浮筒式液位计安装注意事项

内浮子液位计安装，应在容器内设置导向装置，以防容器内液体涌动，对浮子产生偏向力。导向装置形式有管式导向、环式导向、绳索导向，图 4-2、图 4-3 所示为环式导向、绳索导向。

管式导向装置，管壁宜钻有小孔。为了便于罐底清淤，管子底部应离开罐底约 120mm，用型钢支架支撑，应固定牢固。管子应垂直安装。

绳索式导向装置，两根钢索之间间距以浮标上导向环的尺寸确定。为保证钢索垂直安装，必须从容器顶部放线锤确定容器底部钢索锁紧部件的固定地点，如图 4-3 所示。

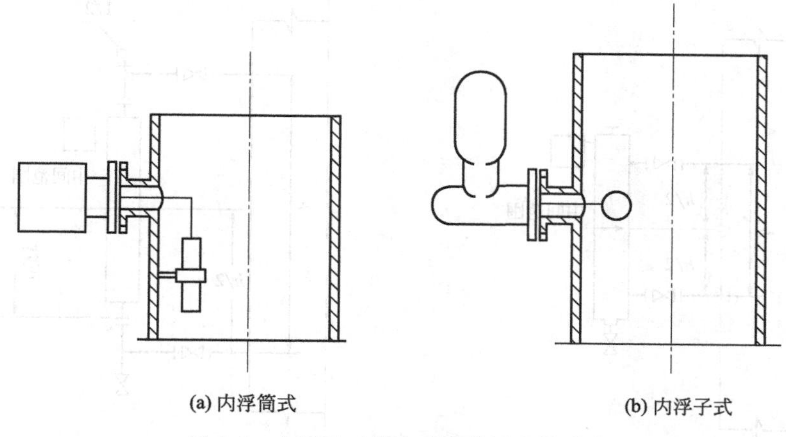

图 4-2　内浮子（筒）式液位计安装形式

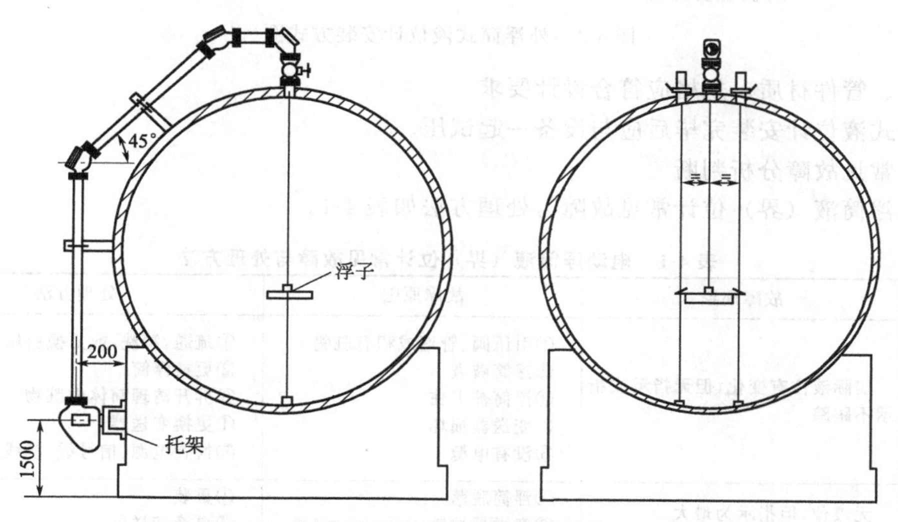

图 4-3　钢带式液位计安装形式（单位：mm）

浮筒、浮标安装后应上、下活动灵活，无卡涩现象。

浮子式液位开关，在容器上焊接的法兰短管不可过长，否则会影响浮子的行程，应保证浮球能在全行程范围内自由活动，如图 4-2(b) 所示。

外浮筒式液位计安装，浮筒外壳上一般都有中心线标志，浮筒式液位计安装的高度，以浮筒外壳中心线对准容器被测液位全量程的 1/2 处为准，如图 4-4 所示。

外浮筒式液位计的浮筒外壳，如果采用侧-侧型法兰连接方式，工艺容器上焊接的法兰短管，其上、下法兰之间的中心间距，法兰连接螺栓孔的方位必须与浮筒外壳法兰一致，上、下两法兰密封面必须处于同一垂直平面，且法兰的中心处在同一垂直线上。

外浮筒式液位计的浮筒，如果采用顶-底螺纹连接方式或顶-底法兰连接方式，管件预制应预先测量尺寸，然后下料，组对管件时，应保证浮筒外壳中心线与容器上、下法兰间距中点相符，且保证外壳处在垂直位置。

外浮筒顶部应设 1/2″螺帽或丝堵，以备现场校准用，其底部应设排水阀短节。

浮力式液位计所用阀门必须经试压、检漏合格后方可使用。

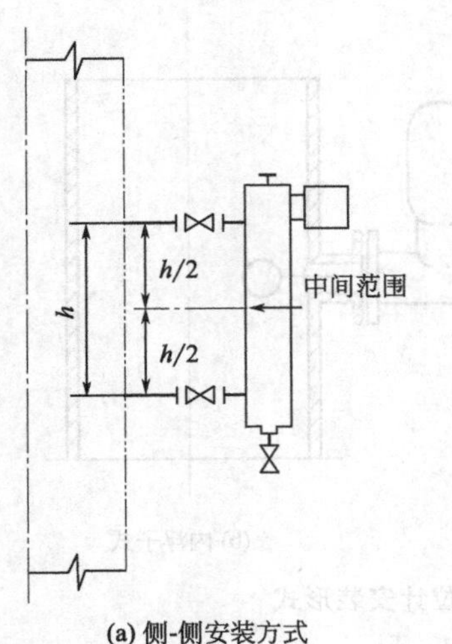

(a) 侧-侧安装方式

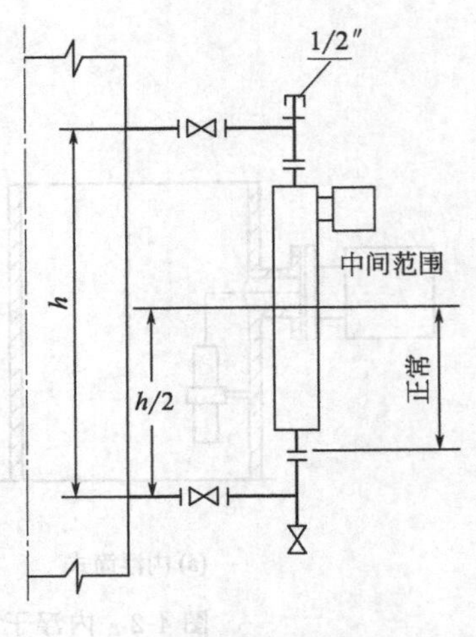

(b) 顶-底安装方式

图 4-4 外浮筒式液位计安装方式图

法兰、管件材质、规格应符合设计要求。

浮力式液位计安装完毕后应与设备一起试压。

(3) 常见故障分析判断

电动浮筒液（界）位计常见故障与处理方法如表 4-1。

表 4-1 电动浮筒液（界）位计常见故障与处理方法

序号	故障现象	故障原因	处理方法
1	实际液位有变化，但无指示或指示不跟踪	①引压阀、管堵或积有脏物 ②浮筒破裂 ③浮筒被卡住 ④变送器损坏 ⑤没有电源	①疏通，清洗，或更换引压阀 ②更换浮筒 ③拆开清理筒体内脏物 ④更换变送器 ⑤检查电源、信号线、接线端子
2	无液位，但指示为最大	①浮筒脱落 ②变送器故障	①重装 ②更换变送器
3	有液位，但指示为最小	①扭力管断，支撑簧片断 ②变送器故障	①更换扭力管或支撑簧片 ②更换变送器

(4) 浮筒式液位计的校验

以 UTD 系列电动浮筒液位变送器为例。

校验接线如图 4-5 所示。旋开变送器的前盖，按图接线。将稳压电源电压调整为（24±0.1)V，电阻箱模拟负载电阻调整为（250±0.1)Ω。

UTD 系列电动浮筒液位变送器结构原理如图 4-6 所示。当浮筒不受外力作用时，浮筒与应力传感器通过杠杆保持平衡。当浮筒浸入液体中受到一个向上的浮力 F_1，通过杠杆的作用，使应力传感器受到一向下的力 F_2，根据力平衡原理：

$$F_2=\frac{L_1}{L_2}F_1=K_1F_1$$

应力传感器电流与所受力的关系为

$$I=K_2F_2=K_1K_2F_1=KF_1$$

由此可知：转换电流 I 与浮筒所受的浮力 F_1 成线性关系。

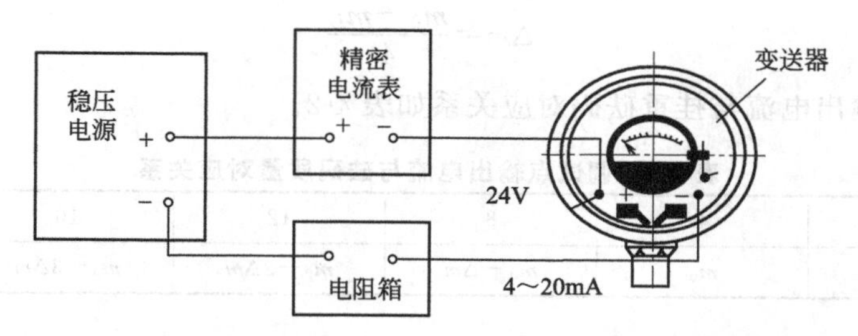

图 4-5　UTD 电动浮筒式液位变送器校验接线图

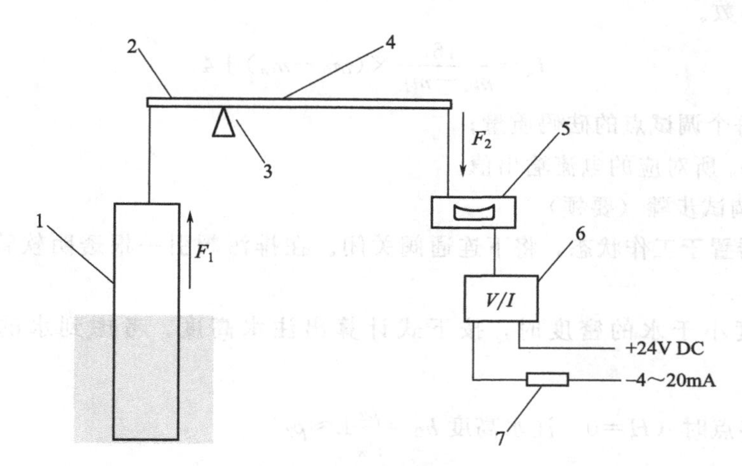

图 4-6　UTD 系列浮筒式液位变送器原理图
1—浮筒；2—前杠杆 L1；3—密封膜片支点；4—后杠杆 L2；
5—应力传感器；6—V/I 变换器；7—负载电阻

不管是干校法、还是灌水法，只要保证校验液位下，对杠杆的力与实际液位下的力相同即可完成校验。

① 干校法调试步骤（要领）

• 计算挂砝码的质量值 m_H。

测界位：　　零点时（$H=0$）砝码质量 $m_0=M-\frac{\pi D^2}{4}L\rho_2$

满度时（$H=L$）砝码质量 $m_L=M-\frac{\pi D^2}{4}L\rho_1$

测液位：零点时（$H=0$）砝码质量 $m_0=M$

满度时（$H=L$）砝码质量 $m_L=M-\frac{\pi D^2}{4}L\rho_1$

式中　ρ_1，ρ_2——重相、轻相液体的密度；

M，L，D——浮筒质量、长度与直径。

• 零点调试。在杠杆的下端挂上零点值砝码 m_0，调零点调整螺钉使输出为 4mA。

• 满度调试。在杠杆的下端挂上满度值砝码 m_L，调量程调整螺钉使输出为 20mA。由于量程、零点会互相影响，需要反复调整零点、量程，使零点和量程分别稳定在 4mA 和 20mA。

• 线性调试。将量程范围内所需挂重的砝码值平均分成四份，分别计算出每份砝码值。

$$\Delta m=\frac{m_0-m_L}{4}$$

每个调试点输出电流与挂重砝码对应关系如表 4-2。

表 4-2 调试点输出电流与砝码质量对应关系

输出电流/mA	4	8	12	16	20
砝码质量 m_n	m_0	$m_0-\Delta m$	$m_0-2\Delta m$	$m_0-3\Delta m$	m_L

有时计算出的砝码质量不是整数，为了校验方便，应取砝码的整数值代入公式，而让输出的电流值为小数。

$$I_n=\frac{16}{m_0-m_L}\times(m_0-m_n)+4$$

式中 m_n——每个调试点的砝码质量；

I_n——m_n 所对应的电流输出值。

② 水校法调试步骤（要领）

● 将变送器置于工作状态，将下连通阀关闭。在排污阀引一根透明软管以观察浮筒室的水位。

当介质密度小于水的密度时，按下式计算出注水高度。考虑到水的密度 $\rho_w\approx1g/cm^3$，则

测界位：零点时（$H=0$）注水高度 $h_0=\frac{\rho_2}{\rho_w}L\approx\rho_2L$

满度时（$H=L$）注水高度 $h_{100}=\frac{\rho_1}{\rho_w}L\approx\rho_1L$

测液位：零点时（$H=0$）注水高度 $h_0=0$

满度时（$H=L$）注水高度 $h_{100}=\frac{\rho_1}{\rho_w}L\approx\rho_1L$

式中 ρ_1，ρ_2——重相、轻相液体的密度，g/cm^3；

L——浮筒的长度。

● 零点调试。测液位时，将测量室内的清水排除，调零点调整螺钉使输出为 4mA；测界位时，从排污阀向测量室内注入清水至 h_0 处，调零点调整螺钉使输出为 4mA。

● 满度调试。零点调整好后，向测量室内注入清水至 h_{100} 处，调整量程调整螺钉使输出为 20mA。并重新按零点与满度调试步骤反复调整几次，使零点和满度分别稳定在 4mA 和 20mA。

● 中间各点调试。取量程范围的 25%、50%、75%分别做出标记，所对应的输出电流为 8mA、12mA、16mA。

● 当介质密度大于水，则取量程内的某一点作为上限调试点，调试前首先计算出该点对应的水位高度 L（L 应接近 H 且 $L\leqslant H$）和该点在量程内对应的电流值 I，调试时，调上限旋钮使输出电流为该点在量程内对应的电流值。

例：量程 750mm，介质相对密度为 1.2；现取 600mm 处为上限调试点，则对应水位高为$L=600\times1.2=720$mm，该点对应的电流为

$$I=4+\frac{600}{750}\times16=16.8\text{mA}$$

按零点调试方法调试零点，满度调整则在水位为 720mm 处调上限旋钮，使输出为 16.8mA，反复调整几次使零点和满度分别稳定在 4mA 和 16.8mA。

● 测界位时，若重介质密度大于水的密度，则取 L_0 与 L_m 之间的某一点作为满量程调试点，其余调试方法同测液位。水校法无法调试两种介质密度都大于水的情况。

测界位时的零点迁移方法如下。

UTD 系列电动浮筒液位变送器在实际测界位使用过程中，浮筒的吊杆和力臂杠杆均浸在轻介质中，因此会产生一定的浮力，该浮力是一个常数，它产生的附加电流也是一个常数，它对调好的量程无任何影响，只是导致零点略高于已调好的零点值（4mA），这个附加电流值很小，若要求测量精度不高，就无需进行零点迁移，若测量精度较高，需将此附加电流迁移掉。

零点迁移方法如下。

将测量室内全部充满轻介质，使浮筒上端各部件全部浸在轻介质中，调整下限旋钮，使电流为 4mA 即可。

将重介质充到正好淹没浮筒，浮筒上面充满轻介质，调下限旋钮，使其输出为 20mA。

在可以观察到的任一界面上，调整下限旋钮，使输出电流与该点界面对应的电流值相同即可。

当介质密度大于水时，取量程内的某一点作为上限调试点。调试前首先计算出该点对应的水位高度 L（L 应接近 H，即 $L \leqslant H$）和该点在量程内对应的电流值 I。调试时，调量程调整螺钉使输出电流为该点在量程内对应的电流值。

【项目实施】

（1）制订计划

小组成员通过查询资料，讨论、制订计划，确定校验方法，写出校验方案，确定安装步骤，维护方法。并制定浮筒液位计的安装检验维护工作的文件。（教师指导讨论）形成以下书面材料：

① 确定安装检验维护方案；

② 安装检验维护流程设计，选择浮筒液位计、确定安装方法和检验与维护方案、划分实施阶段、确定工序集中和分散程度、确定安装检验和维护顺序；

③ 选择安装检验设备、辅助支架、安装维护工具等；

④ 成本核算；

⑤ 制订安全生产规划。

（2）实施计划

根据本组计划，进行浮筒液位计的校验、安装、维护，并进行技术资料的撰写和整理工作。形成资料，评价时汇报。教师重点指导学生正确使用工具和安全操作，重点观察学生材料的使用能力、规程与标准的理解能力和操作能力。

（3）检查评估

根据浮筒液位计的安装、检验、维护工作结果，逐项分析。各小组推举代表进行简短交流发言，撰写任务报告。提出自评成绩。教师重点指导对不合格项目的分析。重点指导哪些工作可改进？如何改进？

以小组自评、各组互评、教师评价三者结合的方式，评价任务完成情况，主要检验下列几项：

① 浮筒液位计的校验是否准确；

② 安装方法是否合理；

③ 对所设故障诊断是否正确，维护是否得当。

若检验不符合要求，根据教师、同学建议，对各步进行修改。

子项目 4.2 差压式液位计的安装

【项目任务】

根据现场条件选择差压式液位计、安装工具，任务是对差压式液位计进行校验，将其安装到设备中，并对教师设置的故障进行诊断、维护。

【任务与要求】

通过录像、实物、到现场观察，认识差压式液位计的结构、了解工作原理，掌握差压式液位计的安装、校验、维护方法。对差压式液位计进行校验，将其安装到设备中，并对教师设置的故障进行诊断、维护。

项目任务：

① 会差压式液位计的选型；

② 能进行差压式液位计的安装，校验；

③ 能对差压式液位计的故障进行维护。

项目要求：

① 了解差压式液位计的结构特点；

② 熟悉差压式液位计的选型；

③ 掌握差压式液位计的安装、校验与维护方法。

所需的工具条件：

类　型	内　容
安装图册	差压式液位计及其安装图册
工具设备	仪表专用安装工具
检验调试仪器	专用仪表检验调试仪器
通用计算机	通用计算机、投影设备

【学习讨论】

(1) 差压式液位变送器工作原理

差压液位计是根据流体静力学原理对液位、界位进行检测。无论是开口式容器或者是封闭式容器，容器内同一液层水平面上的压力处处相等。不同液层面上的压力与液体表层（即液面）的垂直距离成正比，离液面的距离越远，其压力就越大，相反，则小。以固定高度 H_0 的液层为例，如果液面高度不变，则 H_0 液层的压力也不变，当液面升高时，随着 H_0 液层与液面之间的距离 h 增大，该液层的压力也随之增大，如图 4-7(a) 所示。

当液面下降到 H_0 液层处（$h=0$）时，H_0 液层的压力 p_A 等于容器内的气体压力 $p_气$。当 $h>0$ 时，p_A 液层压力值如关系式：

$$p_A=h\rho+p_气 \tag{4-2}$$

式中　p_A——液体 H_0 液层的压力；

h——H_0 液层面与液面之间的垂直距离；

ρ——液体介质密度；

$p_气$——罐内气体压力。

液体介质密度是较稳定的参数，生产过程中的罐内液面高度 h 和罐内气体压力 $p_气$ 都是变量，为了获取仅与液面位置 h 变化相关的压力 p_A，必须消除气体压力 $p_气$ 的变化对 p_A 的影响，采用差压法即可抵消 $p_气$ 对 p_A 的影响，如图 4-7(b) 所示。

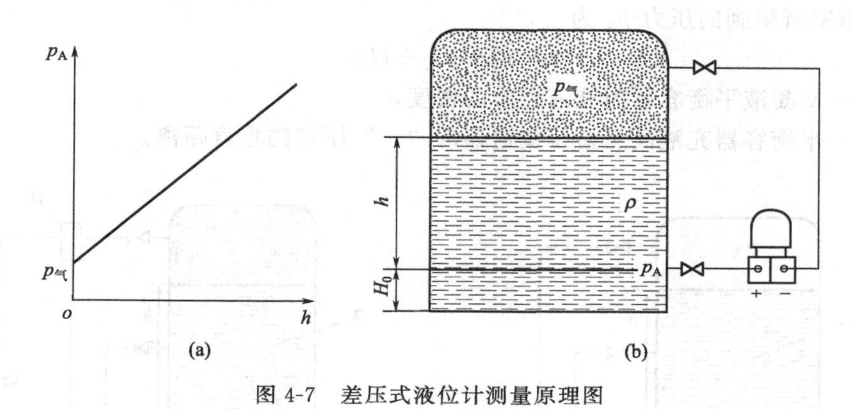

图 4-7　差压式液位计测量原理图

差压法检测液位，是将差压液位计的高压室（+）接口与 H_0 液层面相连通，压力为 p_1，低压室（−）接口与罐顶气体空间相连通，压力为 p_2。差压液位计的高、低压室之间是用弹性隔膜（波纹膜片）分隔成两室，隔膜片受到两个不同方向压力的推动产生形变，膜片的形变程度与“+”、“−”压室之间的压力差值（即 $\Delta p=p_1-p_2$）有关，膜片中间部位设有传感元件，膜片的形变使传感元件的相关物理参数发生变化。

从式(4-2) 得

$$\Delta p=p_1-p_2=h\rho+p_气-p_气=h\rho \tag{4-3}$$

从式(4.3) 可知，差压式液位计所感受到的压差与液面高度 h 有关，从而消除掉气体压力 $p_气$ 对检测结果的影响，通常将这种消除干扰因素影响的作用称为补偿作用。

对于开口容器液位测量比较简单，只要将差压液位计高压室与容器下部接口相通，低压室与大气相通，同样能对大气压变化的影响进行补偿。

差压法检测液位的仪表，常用的有差压式液位计和差压变送器。对于被测介质是具有腐蚀性、黏度大、易结晶、低凝固点液体，可采用双法兰式差压变送器。

差压式测量液位安装，经常涉及差压计、差压变送器安装标高问题。如果工艺设备或容器安装的位置比较高，按图 4-7 将差压变送器“+”压室接口与容器下法兰中心处于同一标高安装，有可能不便于安装、维护和观察，应把差压计或差压变送器安装位置向下移，移至便于安装、观测和维护的高度。由于安装标高的改变，当 $h=0$ 时，“+”压室和测量管内充满了液体，测量管内液柱静压作用于“+”压室。另外，还有一种情况，如果容器内气体组分在环境温度下易凝为液滴，进入测量管内的气体在环境温度下液滴逐渐积累成液柱，液柱静压作用于“－”压室。上述两种情况，如果不采取措施，将会给液位测量产生很大影响。

为克服上述影响，必须在仪表校准工作中引入零位迁移。为进行零位迁移，通常在安装时采取辅助措施。若气相介质不易凝液，可不设平衡容器。若气相介质易凝为液滴，则应设平衡容器，如图 4-8 所示。

从图 4-8(b) 分析，“＋”压室所受到的压力 p_1 为

$$p_1 = p_{气} + (h + h_0)\rho_1 \tag{4-4}$$

式中 ρ_1——被测容器内液体介质的密度；

h_0——差压变送器“＋”压室接口中心至容器下接口中心之间的垂直距离；

h——液面至容器下接口中心之间的垂直距离。

“－”压室所受到的压力 p_2 为

$$p_2 = p_{气} + H\rho_2 \tag{4-5}$$

式中 ρ_2——冷凝液平衡容器内充液介质的密度；

H——平衡容器充液面至差压变送器的“－”压室的垂直距离。

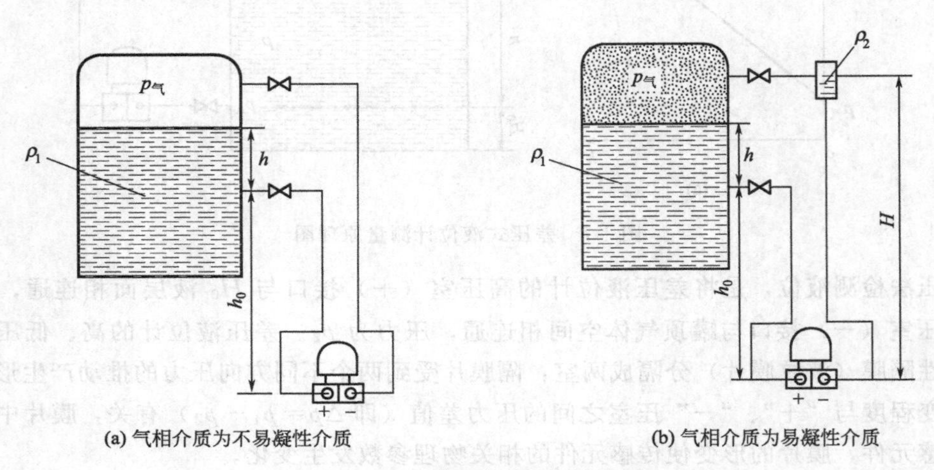

图 4-8 差压式液位计安装示意图

由式(4.4) 和式(4.5) 得

$$\Delta p = p_1 - p_2 = (h + h_0)\rho_1 - H\rho_2 \tag{4-6}$$

当 $h=0$ 时，

$$\Delta p = h_0\rho_1 - H\rho_2 \tag{4-7}$$

h、H 值可根据实际安装位置直接测量到，ρ_1、ρ_2 也可从工艺参数数据表中查到，式(4-7) 中 Δp 为已知值，当 $h_0\rho_1 > H\rho_2$ 时，则 $\Delta p > 0$；当 $h_0\rho_1 < H\rho_2$ 时，则 $\Delta p < 0$。在 $h=0$ 的情况下，$\Delta p \neq 0$ 将影响到差压式仪表的输出示值。为消除 $h=0$ 时，$\Delta p \neq 0$ 对仪表示值（或输出特性）的影响，差压式仪表在设计制造时，在仪表结构上特增设了零位正、负迁移调整机构，采用调整方法消除 $\Delta p \neq 0$ 时对仪表零位输出带来的影响。

在 $h=0$ 的情况下，当 $\Delta p > 0$ 时，可调整正迁移机构，使差压式仪表的示值为零示值或零示值所对应的标准输出值（4mA DC)。在 $h=0$ 的情况下，当 $\Delta p < 0$ 时，则应调整负迁移机构，使差压式仪表示值或输出特性实现同样的目的。前者的零位调整称为正迁移调整，后者的零位调整称为负迁移调整。所迁移的量值简称为迁移量。

(2) 差压式液位变送器安装注意事项

差压计或差压变送器测量液位时，仪表安装高度通常不应高于被测容器液位取压接口的下接口标高。安装位置应易于维护，便于观察，且靠近取压部件的位置。若选用双法兰式差压变送器测量液位，变送器安装位置只受毛细管长度的限制。毛细管的弯曲半径应大于50mm，且应对毛细管采取保护和绝热措施。

对于腐蚀性介质，如果采用吹气法测量液位，差压变送器安装标高应高于工艺容器的上接口。

差压液位计应垂直安装，保持“+”、“－”压室标高一致。

差压液位计的“+”压室应与工艺容器的下接口相连，“－”压室与容器的上接口相连。

如果被测介质为低沸点介质（如液氨、液氮、液空等），低沸点介质在环境温度下极易汽化，为了输出信号和示值的稳定性，测量管道不宜过短，液位计安装位置宜高于被测容器液位下取压接口。

（3）常见故障分析判断

双法兰式差压变送器常见故障与处理方法如表 4-3。

表 4-3 双法兰式差压变送器常见故障与处理方法

序号	故障现象	故障原因	处理方法
1	无指示	①信号线脱落或电源故障 ②安全栅坏 ③电路板损坏	①重新接线或处理电源故障 ②更换安全栅 ③更换电路板或变送器
2	指示为最大(最小)	①低压侧(高压侧)膜片、毛细管坏，或封入液泄漏 ②低压侧(高压侧)引压阀没打开 ③低压侧(高压侧)引压阀堵	①更换仪表 ②打开引压阀 ③清理杂物或更换引压阀
3	指示为偏大(偏小)	①低压侧(高压侧)放空堵头漏或引压阀没全开 ②仪表未校准	①紧固放空堵头，打开引压阀 ②重新校对仪表
4	指示值无变化	①电路板损坏 ②高、低压侧膜片或毛细管同时损坏	①更换电路板 ②更换仪表

【项目实施】

（1）制订计划

小组成员通过查询资料，讨论、制订计划，确定校验方法，写出校验方案，确定安装步骤，维护方法。并制定差压式液位计的安装检验维护工作的文件。（教师指导讨论）形成以下书面材料：

① 确定安装检验维护方案；

② 安装检验维护流程设计，选择差压式液位计、确定安装方法和检验与维护方案、划分实施阶段、确定工序集中和分散程度、确定安装检验和维护顺序；

③ 选择安装检验设备、安装维护工具等；

④ 成本核算；

⑤ 制订安全生产规划。

（2）实施计划

根据本组计划，进行差压式液位计的校验、安装、维护，并进行技术资料的撰写和整理工作。形成资料，评价时汇报。教师重点指导学生正确使用工具和安全操作，重点观察学生材料的使用能力、规程与标准的理解能力和操作能力。

(3) 检查评估

根据差压式液位计的安装、检验、维护工作结果，逐项分析。各小组推举代表进行简短交流发言，撰写任务报告。提出自评成绩。教师重点指导对不合格项目的分析。重点指导哪些工作可改进？如何改进？

以小组自评、各组互评、教师评价三者结合的方式，评价任务完成情况，主要检验下列几项：

① 差压式液位计的校验是否准确；

② 安装方法是否合理；

③ 对所设故障诊断是否正确，维护是否得当。

若检验不符合要求，根据教师、同学建议，对各步进行修改。

学习评价表

班级：　　　　　　姓名：　　　　　　学号：

考核点及分值(100)		教师评价	互 评	自 评	得 分
知识掌握(20)		(80%)	(20%)		
计划方案制作(20)		(80%)	(20%)		
操作实施(20)		(80%)		(20%)	
任务总结(20)		(100%)			
公共素质评价	独立工作能力(4)	(60%)	(25%)	(15%)	
	职业操作规范(3)	(60%)	(25%)	(15%)	
	学习态度(4)	(100%)			
	团队合作能力(3)		(100%)		
	组织协调能力(3)		(100%)		
	交流表达能力(3)	(70%)	(30%)		

思考与复习题

4-1. 说说浮筒液位计的结构原理。

4-2. 浮筒液位计校验是怎样的？

4-3. 什么是零点迁移？如何迁移？迁移的实质是什么？

4-4. 根据现场条件，安装差压式液位计时应注意些什么？

4-5. 根据假定故障，怎样维护？

项目5　执行器的安装

子项目5.1　气动薄膜调节阀的安装

【项目任务】

根据现场条件选择气动调节阀、安装工具，任务是对调节阀进行校验，将其安装到管路中，并对教师设置的故障进行诊断、维护。

【任务与要求】

通过录像、实物、到现场观察，认识气动调节阀及阀门定位器结构，了解工作原理、阀的流量特性，掌握气动调节阀及阀门定位器的安装、校验、维护方法。对调节阀进行校验，将其安装到管路中，并对教师设置的故障进行诊断、维护。

项目任务：

① 能读懂调节阀铭牌数据；

② 能进行气动调节阀的电气接线；

③ 会气动调节阀的选型；

④ 能进行气动调节阀及阀门电位器的安装、校验；

⑤ 能对气动调节阀的故障进行维护。

项目要求：

① 了解气动调节阀的结构特点、使用方法；

② 掌握调节机构的流量特性；

③ 气动调节阀的正反作用选择；

④ 熟悉气动调节阀的选型；

⑤ 掌握气动调节阀及阀门定位器的安装、校验与维护方法。

所需的工具条件：

类　型	内　容
安装图册	气动调节阀、阀门定位器及其安装图册
工具设备	仪表专用安装工具
检验调试仪器	专用仪表检验调试仪器
通用计算机	通用计算机、投影设备

【学习讨论】

(1) 气动薄膜调节阀的工作原理

执行器是自动控制系统中的执行机构和控制阀组合体。它在自动控制系统中的作用是接受来自调节器（或手操器）发出的信号，以其在工艺管路的位置和特性，调节工艺介质的流量，从而将被控参数控制在生产过程所要求的范围内。

执行器按执行器动力源可分为三大类别：气动执行器、电动执行器和液动执行器。

气动执行器以气动薄膜调节阀为主导产品。

气动薄膜调节阀简称调节阀，结构分为两大部分：执行机构和调节机构（或控制阀），如图 5-1 所示。

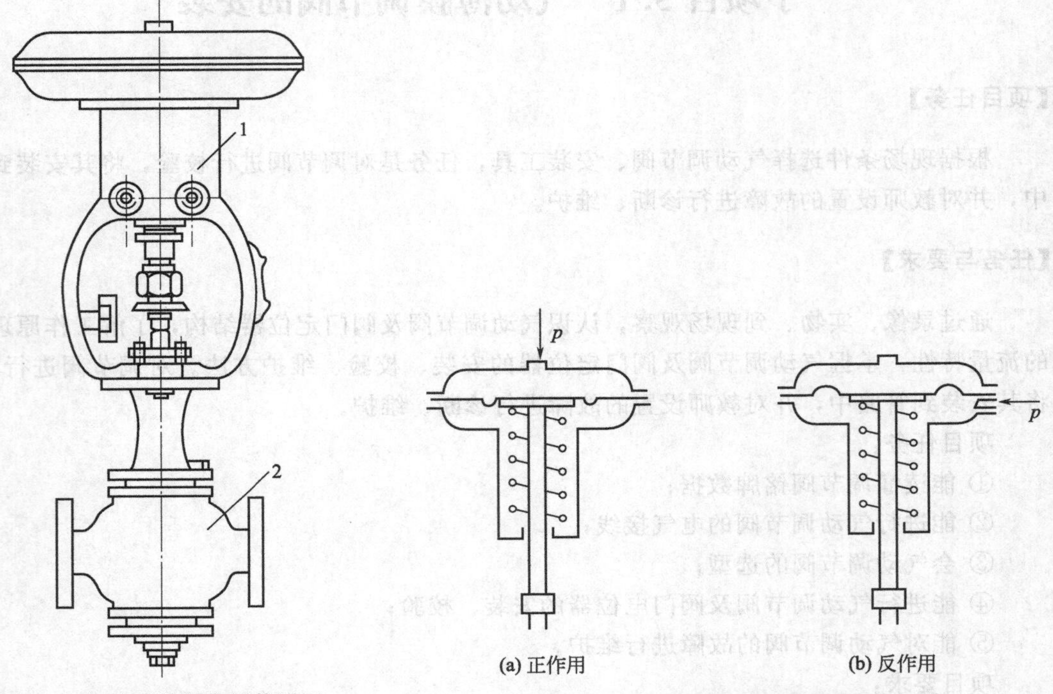

图 5-1 气动薄膜调节阀外形图
1—气动执行机构；2—控制阀

图 5-2 气动薄膜执行机构作用形式图

气动执行机构是以压缩空气为动力源，接受 0.02～0.1MPa 或 0.04～0.2MPa 的气动信号，输出与信号压力成比例的位移，其推杆位移形式一般为直线形式，若通过曲柄杠杆机构，则可转换成角位移形式。

执行机构结构由气室、胶塑（或金属）膜、推杆和弹簧组成。执行机构有正、反两种作用形式，如图 5-2 所示。正作用形式是当气室压力 p 增大时，薄膜在 p 的作用下克服弹簧的反作用力，使推杆向下移动。反作用形式是当气室压力 p 增大时，推杆向上移动。薄膜推力大小与薄膜的有效面积和控制信号压力成正比。弹簧拉伸和压缩所产生的反作用力与弹簧的变形位移量成正比。当弹簧的反作用力与薄膜上的作用力相平衡时，推杆稳定在某一位置。当信号压力发生变化时，推杆在正向和反向作用力的作用下处在另一新的平衡位置。执行机构的行程，即推杆的行程规格有 10mm、16mm、25mm、40mm、60mm、100mm 等。

调节机构即控制阀，控制阀是与工艺介质直接接触，在执行机构的推动下，改变阀芯与阀座间的流通面积，而调节流体流量的机构。

控制阀的流量特性主要有直线特性（即线性特性）、对数特性（即等百分比特性）和快开特性三种，前两种特性的控制阀应用最为广泛。

调节阀气开、气关的选择对于生产过程和自动控制系统都有重大意义。首先应从生产安全考虑，当仪表气源供气中断或调节器无控制信号输出或调节阀薄膜破损漏气时，将导致调节阀薄膜失去动力，气开阀则回复到全关，气关阀回复到全开，调节阀在故障状况下也应确保生产装置和生产工况的安全。从生产过程中的物料物化性质考虑，若生产装置中的物料性质易聚合、结晶，则蒸汽调节阀应选气关式，以利于减小物料损失和生产状态的尽快恢复。从降低事故损失考虑，若控制精馏塔进料的调节阀采用气开式，在事故状态下，调节阀全关，停止继续进料，避免不合格品的产生或物料损耗。因此，调节阀气开、气关形式的选择对生产具有极其重要的意义。

调节阀的气开、气关形式还关系到调节器正、反作用的判断和预置。阀门随操作压力增大，阀截流件趋于开启的动作方式，即为气开阀，符号为K；阀门随操作压力增大，阀截流件趋于关闭的动作方式，即为气关阀，符号为B。

(2) 气动薄膜调节阀安装注意事项

① 控制阀的安装位置应便于观察、操作和维护。

② 执行机构应固定牢固，操作手轮应处在便于操作的位置。

③ 安装用螺纹连接的小口径控制阀时，必须装有可拆卸的活动连接件。

④ 执行机构的机械传动应灵活，无松动和卡涩现象。

⑤ 执行机构连杆的长度应能调节，并应保证调节机构在全开到全关的范围内动作灵活、平稳。

⑥ 当调节机构能随同工艺管道产生热位移时，执行机构的安装方式应能保证其和调节机构的相对位置保持不变。

⑦ 执行机构的信号管应有足够的伸缩余度，不应妨碍执行机构的动作。

(3) 常见故障分析判断　气动调节阀常见故障与处理如表5-1。

表5-1　气动调节阀常见故障与处理

常见故障		主要原因	处理方法
阀不动作	定位器有气流，但没有输出	定位器中放大器的横截流孔堵塞	疏通
		压缩空气中有水分凝积于放大器球阀处	排出水分
	有信号而无动作	阀芯与衬套或阀座卡死	重新连接
		阀芯脱落(销子断了)	更换销子
		阀杆弯曲或折断	更换阀杆
		执行机构故障	更换执行机构
阀的动作不稳定	气源信号压力一定，但调节阀动作仍不稳定	定位器有毛病	更换定位器
		输出管线漏气	处理漏点
		执行机构刚度太小，推力不足	更换执行机构
		阀门摩擦力大	采取润滑措施
阀振动，有鸣声	调节阀接近全关位置时振动	调节阀选大了，常在小开度时使用	更换阀内件
		介质流动方向与阀门关闭方向相同	流闭改流开
	调节阀任何开度都振动	支撑不稳	重新固定
		附近有振源	消除振源
		阀芯与衬套磨损	研磨或更换

续表

常见故障		主要原因	处理方法
阀的动作迟钝	阀杆往复行程动作迟钝	阀体内有泥浆或黏性大的介质，有堵塞或结焦现象	清除阀体内异物
		四氟填料硬化变质	更换四氟填料
	阀杆单方向动作时动作迟钝	气室中的波纹薄膜破损	更换波纹薄膜
		气室有漏气现象	查找处理漏源
阀的泄漏量大	阀全关时泄漏量大	阀芯或阀座腐蚀、磨损	研磨或更换
		阀座外圆的螺纹被腐蚀	更换阀座
	阀达不到全关位置	介质压差太大，执行机构输出力不够	更换执行机构
		阀体内有异物	清除异物
填料及连接处渗漏	密封填料渗漏	填料压盖没压紧	重新压紧
		四氟填料老化变质	更换四氟填料
		阀杆损坏	更换阀杆
	阀体与上、下阀盖连接处渗漏	紧固六角螺母松弛	重新紧固
		密封垫损坏	更换密封垫片

【项目实施】

(1) 制订计划

小组成员通过查询资料，讨论、制订计划，确定校验方法，写出校验方案，确定安装步骤，维护方法。并制定气动调节阀的安装检验维护工作的文件。(教师指导讨论) 形成以下书面材料：

① 确定安装检验维护方案；

② 安装检验维护流程设计，选择气动调节阀、确定安装方法和检验与维护方案、划分实施阶段、确定工序集中和分散程度、确定安装检验和维护顺序；

③ 选择安装检验设备、辅助支架、安装维护工具等；

④ 成本核算；

⑤ 制订安全生产规划。

(2) 实施计划

根据本组计划，进行气动调节阀的校验、安装、维护，并进行技术资料的撰写和整理工作。形成资料，评价时汇报。教师重点指导学生正确使用工具和安全操作，重点观察学生材料的使用能力、规程与标准的理解能力、操作能力。

(3) 检查评估

根据气动调节阀的安装、检验、维护工作结果，逐项分析。各小组推举代表进行简短交流发言，撰写任务报告。提出自评成绩。教师重点指导对不合格项目的分析。重点指导哪些工作可改进？如何改进？

以小组自评、各组互评、教师评价三者结合的方式，评价任务完成情况，主要检验下列几项：

① 阀的校验是否准确；

② 安装方法是否合理；

③ 对所设故障诊断是否正确，维护是否得当。

若检验不符合要求，根据教师、同学建议，对各步进行修改。

子项目5.2 电动调节阀的安装

【项目任务】

根据现场条件选择电动调节阀、安装工具，任务是对调节阀进行校验，将其安装到管路中，并对教师设置的故障进行诊断、维护。

【任务与要求】

通过录像、实物、到现场观察，认识电动调节阀结构，了解阀的工作原理、阀的流量特性，掌握电动调节阀的安装、校验、维护方法。对调节阀进行校验，将其安装到管路中，并对教师设置的故障进行诊断、维护。

项目任务：

① 能读懂调节阀铭牌数据；

② 会电动调节阀的选型；

③ 能进行电动调节阀的安装；

④ 能对电动调节阀的故障进行维护。

项目要求：

① 了解电动调节阀的结构特点、使用方法；

② 掌握电动调节阀的流量特性；

③ 熟悉电动调节阀的选型；

④ 掌握电动调节阀的安装与维护方法。

所需的工具条件：

类　型	内　容
安装图册	电动调节阀及其安装图册
工具设备	仪表专用安装工具
检验调试仪器	专用仪表检验调试仪器
通用计算机	通用计算机、投影设备

【学习讨论】

(1) 电动调节阀的工作原理

电动执行器适用于需要大推力、动作灵敏、远距离、响应迅速的场合，或者缺少气源或供气比较困难的场合。电动执行器动作灵敏，输出功率大，结构坚实，不足之处是动作的惯性欠平稳，维护量较大。

电动阀主体由电动执行器和控制阀两大部分组成。电动执行机构输出形式分为直行程和角行程。控制阀的流量特性有线性和对数特性，阀盖结构有普通型和散热型。

电动执行器接受电动控制信号（4～20mA DC)，经伺服放大器放大为大功率电力驱动信号，驱动伺服电动机旋转，经减速器减速，使输出轴做直线运动（直行程）或转角运动（角行程)，带动阀芯，从而改变阀的开度。

电动执行器的组成及其工作原理，如图 5-3 所示。电动执行器包括伺服放大器、电动执行机构、控制阀和电动操作器。电动操作器可实现手动/自动无扰动切换或“中途限位”。

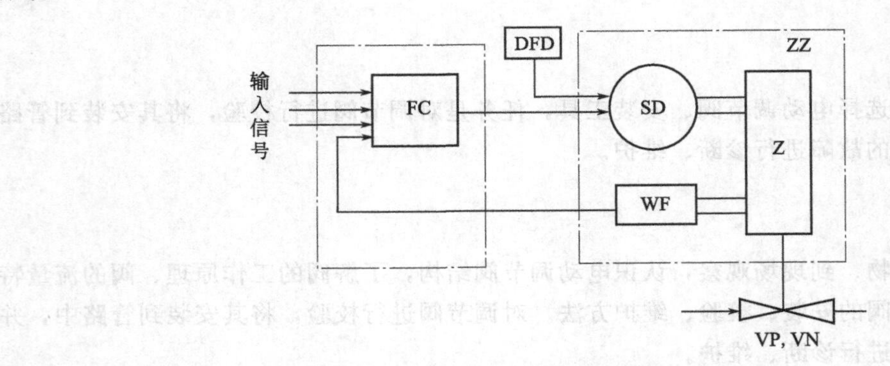

图 5-3　电动执行器组成方块图

FC—伺服放大器；SD—两相伺服电动机；Z—减速器；WF—位置发生器；
DFD—电动操作器；ZZ—执行机构；VP, VN—控制阀

伺服放大器有多个输入通道和一个反馈信号通道。多个输入信号通道是为组成较复杂控制系统需要而设置的，对于简单控制系统，只需用一个输入通道和一个反馈通路。伺服放大器的作用是综合输入信号和反馈信号，将综合信号放大，输出一定功率的电力驱动信号。信号综合是将输入信号、反馈信号进行比较后，根据综合信号输出值的正、负决定两相伺服电动机的正、反转。两相伺服电动机是将电功率转换为机械功率的动力器件，电动机转速快、动作灵敏，但是惯性力大，不适宜执行器的平稳性要求，因此特设减速器，将高速、小力矩转换成低速、大力矩，带动控制阀。位置发生器即阀位检测器，是安装在执行机构输出轴上的位移发生器，它根据阀位位置输出一个与位移量成正比的电流信号，反馈到伺服放大器，它是伺服放大器中唯一的反馈信号。当位置发生器的输出信号与控制信号相平衡时，伺服放大器综合信号为零，无放大输出，电动机立即停止转动，阀杆停止移动，控制阀稳定在某一开度。当伺服放大器的输入信号增大时，伺服放大器的综合信号输出值为正，输出正向驱动动力。当伺服放大器的输入信号减小时，输出反向驱动动力。反馈信号（即阀位）始终跟踪输入信号，直至平衡。

电动操作器的作用，是在自动控制系统未投入自动运行之前，通过手动操作使工艺被控变量接近或等于设定值，由于控制器的自动跟踪，用手动切换手动/自动开关，便可实现无扰动地投入自动控制。

电动执行机构上还备有手动操作机构。手动操作机构是在控制系统发生故障或供电中断时能通过手动操作来改变阀门的开度，维持生产的连续性。另一个作用是执行机构投入使用之前的调试、阀位限位开关的定位和过力矩开关的动作检验与调整。

电动执行机构可与直行程控制阀配套，也可与偏心旋转阀、球芯阀、蝶阀等多种角行程阀配套，如图 5-4 所示。

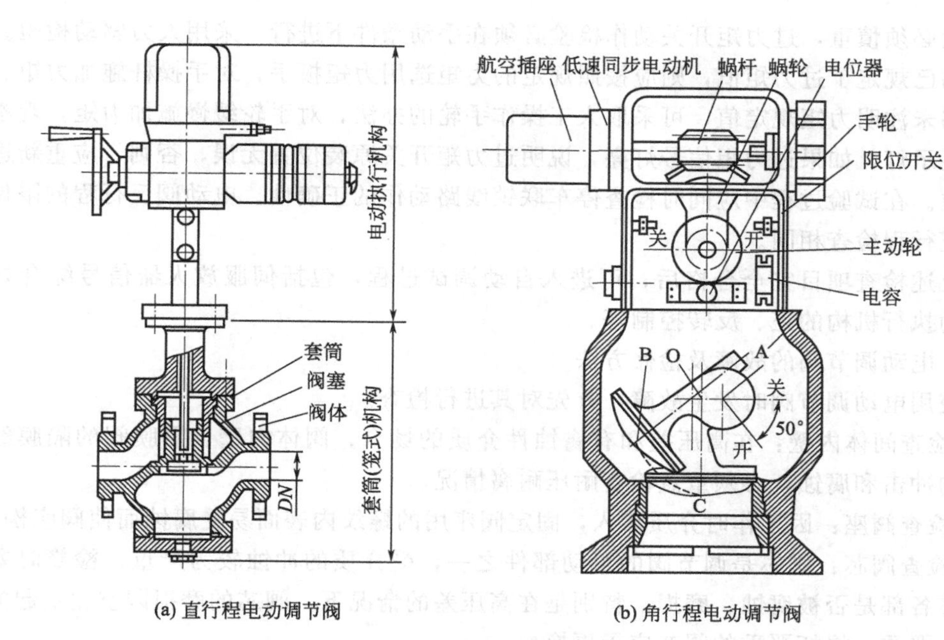

(a) 直行程电动调节阀　　(b) 角行程电动调节阀

图 5-4　电动调节阀结构形式

(2) 电动调节阀安装注意事项

电动执行器安装应注意电动阀与伺服放大器的配套性，不可随意更换。

电动执行器应安装在便于手动操作的地方，其他要求与气动调节阀基本相同。

电动执行器定位安装工作由管道专业负责，仪表专业应负责的内容有电动阀的机械、电气部件的检查、接线，限位（或过力矩）开关的检查、调整，送电试运检查。

电动阀在工艺管道上就位后，仪表专业对电动阀的机械传动、电气部件进行全面检查，检查内容包括清理执行机构内部污垢、杂质，电动机绝缘检查，检查接线有无松动、虚焊现象。在未送电之前，应操作手动操作机构进行上、下全行程检查，阀杆动作应连续、均匀、灵活，无空行程，无卡涩现象。

电动执行器的接线较复杂，包括控制器、伺服放大器、电动操作器、伺服电动机、阀位发生器、限位开关、过力矩开关、电源等设备和部件之间的接线。接线之前应认真阅读电动调节阀的产品使用说明书，并核对设计施工图，核对无误后方可接线。另外，阀体保护接地也应接地良好。

限位开关和过力矩开关阀体保护试验之前，应检测供电电压是否符合产品供电电压要求；限位开关是否安装在电动阀门所规定的位置，触头是否灵活，接线是否良好，有无松动，检查无误后方可进行电动操作。操作可使用电动操作器，也可使用电动执行机构上的手动按钮。操作过程应密切观察阀杆移动状况，运行应平稳、无杂声，当阀位推板即将接触限位开关时，应随时准备按停止开关，谨防限位开关停车联锁线路失灵。当阀位推板接触限位开关触头时，应自动断电、停车为合格，否则，应进行人工手动停车以保证阀体安全。电力驱动行程试验应反复做 2～3 次，确认动作正常后，将限位开关固定可靠。电动阀除采用限位开关作为第一道保护防线，为谨防第一道防线失灵，许多阀门还设置了第二道保护防线，即过力矩开关。过力矩的产生是由于阀芯与阀座接触（即全关位置）时，阀杆移动受阻，但是电力传动部分仍然运行，推力增大，阀芯、阀座间应力突然剧增，将会造成阀门损坏。过力矩检验必须慎重，过力矩开关动作检验必须在手动条件下进行，采用人力驱动检验。若产品说明书已规定了过力矩值，则应按照规定的力矩选用力矩扳手，对手操杆施加力矩。若产品说明书未注明力矩规定值，可采取人工操作手轮的办法，对手轮缓慢施加力矩，观察过力矩信号显示灯，如果过力矩信号灯亮，说明过力矩开关原装位置无误，否则，应重新进行调整、定位。在试验过程中应同时检查停车联锁线路动作的正确性。电动阀反行程的限位检查步骤与正行程检查相同。

在上述检查项目完全合格后，可进入自动调试过程，包括伺服放大器信号综合处理功能，电动执行机构的正、反转控制等。

（3）电动调节阀的故障及检修方法

在使用电动调节阀时发生故障，首先对其进行检查。

① 检查间体内壁：在高压差和有腐蚀性介质的场合，阀体内壁、隔膜阀的隔膜经常受到介质的冲击和腐蚀，必须重点检查耐压耐腐情况。

② 检查阀座：因工作时介质渗入，固定阀座用的螺纹内表面易受腐蚀而使阀座松弛。

③ 检查阀芯：阀芯是调节阀的可动部件之一，受介质的冲蚀较为严重，检修时要认真检查阀芯各部是否被腐蚀、磨损，特别是在高压差的情况下，阀芯的磨损因空化引起的汽蚀现象更为严重。损坏严重的阀芯应予更换。

④ 检查密封填料：检查盘根石棉绳是否干燥，如采用聚四氟乙烯填料，应注意检查是否老化和其配合面是否损坏。

⑤ 检查执行机构中的橡胶薄膜是否老化，是否有龟裂现象。

常见故障现象及处理方法如下。

① 执行器不动作，但控制模块电源和信号灯均亮。

处理方法：检查电源电压是否正确；电动机是否断线；从十芯插头端到各线终端是否断线；电动机、电位器、电容各接插头是否良好；用对比互换法判断控制模块是否良好。

② 执行器不动作，电源灯亮而信号灯不亮。

处理方法：检查输入信号极性等是否正确；用对比互换法判断控制模块是否良好。

③ 调节系统参数整定不当导致执行器频繁振荡。

处理方法：调节器的参数整定不合适，会引起系统产生不同程度的振荡。对于单回路调节系统，比例带过小，积分时间过短，微分时间和微分增益过大都可能产生系统振荡。可以通过系统整定的方法，合理选择这些参数，使回路保持稳定速度。

④ 执行器电动机发热迅速、振荡爬行、短时间内停止动作。

处理方法：用交流 2V 电压挡测控制模块输入端是否交流干扰动作；检查信号线是否和电源线隔离；电位器及电位器配线是否良好；反馈组件动作是否正常。

⑤ 执行器动作呈步进、爬行现象、动作缓慢。

处理方法：检查操作器传来的信号动作时间是否正确。

⑥ 执行器位置反馈信号太大或太小。

处理方法：检查“零位”和“行程”电位器调整是否正确；更换控制模块判断。

⑦ 加信号后执行器全开或全关，限位开关也不停。

处理方法：检查控制模块的功能选择开关是否在正确位置；“零位”和“行程”电位器调整是否正确；更换控制模块判断。

⑧ 执行器振荡、鸣叫。

处理方法：主要是因为灵敏度调得太高，不灵敏区太小，过于灵敏，致使执行器小回路无法稳定而产生振荡，可逆时针微调灵敏度电位器降低灵敏度；流体压力变化太大，执行机构推力不足；调节阀选择大了、阀常在小开度工作。

⑨ 执行器动作不正常，但限位开关动作后电动机不停止。

处理方法：检查限位开关、限位开关配线是否有故障；更换控制模块判断。

⑩ 执行器皮带断。

处理方法：检查执行器内部传动部分是否损坏卡住；“零位”和“行程”电位器调整是否正确；限位开关是否正确。

【项目实施】

（1）制订计划

小组成员通过查询资料，讨论、制订计划，确定校验方法，写出校验方案，确定安装步骤，维护方法。并制定电动调节阀的安装检验维护工作的文件。（教师指导讨论）形成以下书面材料：

① 确定安装检验维护方案；

② 安装检验维护流程设计，选择电动调节阀、确定安装方法和检验与维护方案、划分实施阶段、确定工序集中和分散程度、确定安装检验和维护顺序；

③ 选择安装检验设备、辅助支架、安装维护工具等；

④ 成本核算；

⑤ 制订安全生产规划。

（2）实施计划

根据本组计划，进行电动调节阀的校验、安装、维护，并进行技术资料的撰写和整理工作。形成资料，评价时汇报。教师重点指导学生正确使用工具和安全操作，重点观察学生材料的使用能力、规程与标准的理解能力、操作能力。

（3）检查评估

根据电动调节阀的安装、检验、维护工作结果，逐项分析。各小组推举代表进行简短交流发言，撰写任务报告。提出自评成绩。教师重点指导对不合格项目的分析。重点指导哪些工作可改进？如何改进？

以小组自评、各组互评、教师评价三者结合的方式，评价任务完成情况，主要检验下列几项：

① 阀的校验是否准确；

② 安装方法是否合理；

③ 对所设故障诊断是否正确，维护是否得当。

若检验不符合要求，根据教师、同学建议，对各步进行修改。

子项目 5.3 电磁阀的安装

【项目任务】

根据现场条件选择电动调节阀、安装工具，任务是对调节阀进行校验，将其安装到管路中，并对教师设置的故障进行诊断、维护。

【任务与要求】

通过录像、实物、到现场观察，认识电磁阀结构、了解工作原理，掌握电磁阀的安装、校验、维护方法。将电磁阀安装到管路中，并对教师设置的故障进行诊断、维护。

项目任务：

① 能读懂电磁阀铭牌；

② 会电动调节阀的选型；

③ 能进行电动调节阀的安装；

④ 能对电磁阀的故障进行维护。

项目要求：

① 了解电磁阀的结构特点、使用方法；

② 熟悉电磁阀的选型；

③ 掌握电动调节阀的安装、校验与维护方法。

所需的工具条件：

类　型	内　容
安装图册	电磁阀及其安装图册
工具设备	仪表专用安装工具
检验调试仪器	专用仪表检验调试仪器
通用计算机	通用计算机、投影设备

【学习讨论】

(1) 电磁阀的工作原理

电磁阀在自动控制系统中的用途相当广泛，原因是电磁阀的功能具有双重功能，在工艺管路系统中可直接作为执行器应用，在生产过程中作为两位式阀门；另一个功能，它可作为气（液）动执行机构的辅助器件，将电信号转换成气（液）压信号，作用于气（液）动执行机构，实现控制系统和联锁系统的多种用途。

按用途电磁阀可分为两大类：作为执行器使用的电磁阀和作为辅助器件使用的电磁阀。

就电磁阀的结构形式而言，电磁阀有单电控式和双电控式之分。单电控多用作执行器，属单稳态工作方式，其工作原理分为直接动作式和差压动作式（或称先导式）。双电控式多用作电/气信号转换，阀位工作方式属双稳态工作方式。

直接动作式工作原理是当电磁阀线圈受电产生磁场，磁场吸引线圈中的可动铁芯，铁芯带动阀杆直接将阀门打开，流体介质可从阀入口流向出口。当电磁阀失电时，磁场吸力消失，阀芯在重力和复位弹簧的作用下回复原位，将阀门关闭。直接作用式电磁阀适用于低压、较小口径的场合。

差压动作式，阀门的开闭动作是利用流体在主阀芯（活塞式或膜片式阀芯）的上、下两侧产生压差来开闭主阀口。电磁阀在失电条件下，因主阀芯膜上、下压力相等，阀座处在关闭状态。当电磁阀线圈受电时，铁芯在磁力作用下动作，先将阀体内的辅阀芯（或称先导阀芯）打开，如图 5-5 所示，生产介质从阀门入口处的分支通道进入主阀芯的上部，分支通道内径很小，且节流，由于分支通道的节流和泄流作用，在主阀芯的上、下产生了压差，阀芯在压差的作用下阀门开启，生产介质从阀的入口流向出口。当电磁线圈失电后，先导阀芯在重力作用下复位，关闭了先导阀口，从而主阀芯上、下部的压差趋向平衡，主阀芯在重力和膜片回复力作用下将阀门关闭。差压动作式的优点在于适用于压力较高、管径较大的场合，且节能。

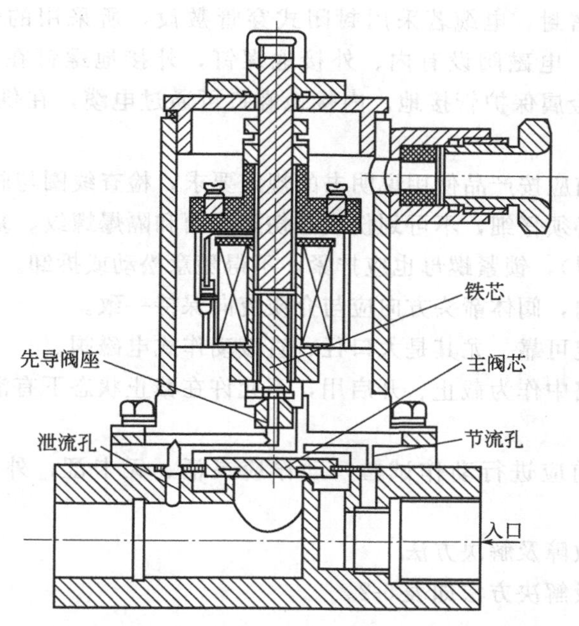

图 5-5 差压动作式二位二通电磁阀结构示意图

直接动作式与差压动作式电磁阀多用于工艺装置的紧急放空联锁和程序控制，也可作为其他执行机构的辅助器件。

双电控式与单电控式电磁阀在结构形式上的区别，在于双电控式电磁阀在阀体上设有两只电磁线圈，单电控式电磁阀阀体上只有一只电磁线圈。双电控式电磁阀的阀体与阀芯多为滑阀式结构（即无弹簧式活塞结构），同一阀芯受两只电磁线圈的控制，适用于脉冲式电信号控制，当脉冲信号消失，阀位不变，具有记忆功能，除非另一只电磁线圈受电才能改变阀位。因此，将双电控式电磁阀称为双稳态电磁阀。

电磁阀的型号较多，有普通型、高温型，结构形式有一体式、分体式，阀体材质也因生产介质的要求而异。二通电磁阀常用形式为常闭式，即电磁阀在失电状态下，阀芯与阀座处于关闭位置；也有常开式，即电磁阀在失电状态下，电磁阀处在开启位置。电磁阀还有二位三通式电磁阀和二位四（五）通电磁阀，其作用是对于执行机构的进气口或排气口进行切换，以实现对生产过程的自动控制。

电磁阀供电压有交流、直流之分，常用的供电电压为24V DC和220V AC。电磁阀供电电压等级较多，直流电压有24V、36V、48V、110V、220V DC，交流电压有24V、36V、110V、127V、220V AC。电磁阀属电控器件，为适应在爆炸性环境中使用，采用隔爆型结构，将电磁线圈和接线端子置于同一隔离室内，隔离室与外部环境采用隔爆结合面和隔爆螺纹结构，电缆引入口采用橡胶密封圈和压紧螺母式的进线密封。

(2) 电磁阀安装注意事项

电磁阀的安装形式应根据具体型号而定，如果电磁阀的复位是靠可动铁芯、阀芯的重力来复位，则必须立式安装在水平管道上。若安装在垂直管道上，电磁阀就不能正常工作。靠弹簧复位的电磁阀不受安装方位限制。

电磁阀是电控器件，要注意供电电压、容量应符合电磁阀的要求。电磁阀在易燃易爆环境中使用，一定要辨别电磁阀的隔爆标识“d”或增安型标识“e”。电缆引线口应按防爆隔离法做好隔离密封，电缆若采用封闭式穿管敷设，所采用的金属软管必须是隔爆型金属软管及连接件。电磁阀设有内、外接地螺钉，外接地螺钉在现场宜直接接入电气安全接地，也可通过金属保护管接地。内接地螺钉可通过电缆，在供电电源一侧与安全接地线可靠接地。

电磁阀在安装之前应按产品使用说明书的规定要求，检查线圈与阀体间的绝缘电阻。拆卸隔爆保护盖（罩）必须仔细，不可划伤或碰伤隔爆面和隔爆螺纹。复位重装时，应对齐隔爆面，拧紧隔爆盖（罩），锁紧螺母也应拧紧，不得随意松动或拆卸。

电磁阀的安装方向，阀体箭头方向应与介质流向保持一致。

电磁阀安装应固定可靠，尤其是大口径、直接动作式电磁阀。

电磁阀通常在管路中作为截止、开启用，不允许在截止状态下有泄漏现象，因此，对电磁阀应做严密性检验。

电磁阀在使用之前应进行动作试验，动作应灵活、无卡涩，外壳无过热现象（不超过 65℃）。

（3）电磁阀常见故障及解决方法

电磁阀常见故障及解决方法如表 5-2。

表 5-2 电磁阀常见故障及解决方案

常见故障	主要原因	处理方法
通电不动作	电源接线接触不良	接好电源线
	电源电压变动不在允许范围内	调整电压在正常范围内
	线圈短路或烧坏	更换线圈
开阀时流体不能通过	流体黏度或温度不符合	调整压力或工作压差或更换适合的产品
	铁芯与动铁芯周围混入杂垢杂质	更换适合的产品
	阀前过滤器或导阀孔堵塞	及时清洗过滤器或导阀孔
	工作频率太高	更新、重新装配或更换产品
关阀时流体不能切断	弹簧变形	更换产品
	阀座有缺陷或黏附脏物	更换产品
	密封垫片脱出	加垫片
	平衡孔或节流孔堵塞	清洗、研磨或更新
	工作频率太高	更新、重新装配或更换产品
外漏	管道连接处松动	拧紧螺栓或接管螺纹
	管道连接处密封件损坏	更换密封件
内泄漏严重	导阀座与主阀座有杂质	清洗
	导阀座与主阀座密封垫片脱出或变形	更换密封垫片
	弹簧装配不良、变形	更换弹簧
	工作频率太高	更换产品

续表

常见故障	主要原因	处理方法
通电时噪声过大	紧固件松动	清除衔铁吸合面杂质、拧紧
	电压波动,不在允许范围内	调整到正常范围内
	流体压力或工作压差不符合	调整压力或工作压差或更换适合的产品
	流体黏度不符合	更换适合的产品

【项目实施】

(1) 制订计划

小组成员通过查询资料，讨论、制订计划，确定校验方法，写出校验方案，确定安装步骤、维护方法。并制定电磁阀的安装检验维护工作的文件。(教师指导讨论) 形成以下书面材料:

① 确定安装检验维护方案;

② 安装检验维护流程设计，选择电磁阀、确定安装方法与维护方案、划分实施阶段、确定工序集中和分散程度、确定安装检验和维护顺序;

③ 选择安装检验设备、辅助支架、安装维护工具等;

④ 成本核算;

⑤ 制订安全生产规划。

(2) 实施计划

根据本组计划，进行电动调节阀的校验、安装、维护，并进行技术资料的撰写和整理工作。形成资料，评价时汇报。教师重点指导学生正确使用工具和安全操作，重点观察学生材料的使用能力、规程与标准的理解能力、操作能力。

(3) 检查评估

根据电磁阀的安装、检验、维护工作结果，逐项分析。各小组推举代表进行简短交流发言，撰写任务报告。提出自评成绩。教师重点指导对不合格项目的分析。重点指导哪些工作可改进? 如何改进?

以小组自评、各组互评、教师评价三者结合的方式，评价任务完成情况，主要检验下列几项:

① 阀的校验是否准确;

② 安装方法是否合理;

③ 对所设故障诊断是否正确，维护是否得当。

若检验不符合要求，根据教师、同学建议，对各步进行修改。

学习评价表

班级: 姓名: 学号:

考核点及分值(100)	教师评价	互评	自评	得分
知识掌握(20)	(80%)	(20%)		
计划方案制作(20)	(80%)	(20%)		
操作实施(20)	(80%)		(20%)	
任务总结(20)	(100%)			

续表

考核点及分值(100)		教师评价	互 评	自 评	得 分
公共素质评价	独立工作能力(4)	(60%)	(25%)	(15%)	
	职业操作规范(3)	(60%)	(25%)	(15%)	
	学习态度(4)	(100%)			
	团队合作能力(3)		(100%)		
	组织协调能力(3)		(100%)		
	交流表达能力(3)	(70%)	(30%)		

思考与复习题

5-1. 气动调节阀怎样选择？

5-2. 简述所选气动调节阀及阀门定位器的结构是怎样的？

5-3. 简述所选气动调节阀及阀门定位器的工作原理。

5-4. 根据铭牌上的数据了解所给阀的工作条件。

5-5. 阀的流量特性是什么，应用在什么条件？

5-6. 根据现场条件，安装时应注意些什么？

5-7. 根据假定故障，怎样维护？

项目6 集散控制系统的安装

子项目6.1 JX-300XP的安装

【项目任务】

针对浙江中控的AE2000过程控制对象，实施JX-300XP设备安装与初步调试，完成一个现场控制站、两个操作站、冗余网络、冗余电源系统、安全接地等安装工作。

【任务与要求】

通过录像、实物、到现场观察，认识中控的AE2000过程控制对象，掌握集散控制系统设备安装与调试方法。完成一个现场控制站、两个操作站、冗余网络、冗余电源系统、安全接地等安装工作。并对教师设置的故障进行诊断、维护。

项目任务：

① 认识中控的AE2000过程控制对象；

② 能进行集散控制系统设备安装与调试；

③ 能对集散控制系统设备的故障进行维护。

项目要求：

① 了解JX-300XP的构成；

② 掌握JX-300XP的安装与维护方法；

③ 掌握JX-300XP初步调试方法。

所需的工具条件：

名称	型号	单位	数量	备注
十字螺丝刀		把	2	
一字螺丝刀		把	2	
内六角扳手		把	1	
尖嘴钳		把	1	
开口扳手		把	1	
剥线钳		把	1	
电烙铁焊锡		套	1	
电笔		把	1	
电工胶布		卷	1	
镊子		个	1	
活扳手	6″	把	1	
万用表		个	1	

【学习讨论】

集散控制系统一般由控制站、操作站和通信网络等部分组成，系统利用通信网络将各工作站连接起来，实现集中监视、操作、信息管理和分散控制。集散控制系统的典型体系结构为现场控制级、过程控制级、过程管理级、经营管理级。

(1) JX-300XP 系统介绍

JX-300XP 系统由工程师站、操作员站、控制站、过程控制网络等组成。

工程师站是为专业技术人员设计的，内装有相应的组态平台和系统维护工具。通过系统组态生成适合生产工艺要求的应用系统，具体功能包括：系统生成、数据库结构定义、操作组态、流程图画面组态、报表程序编制等，用系统的维护工具软件实现过程控制网络调试、故障诊断、信号调校等。

操作员站是由工业 PC 机、CRT、键盘、鼠标、打印机等组成的人机交互系统，是操作人员完成过程监控管理任务的环境。高性能工控机、强大的流程图机能、多窗口画面显示功能可以方便地实现生产过程信息的集中显示、集中操作和集中管理。

控制站是系统中直接与工业现场打交道的 I/O 处理单元，完成整个工业过程的实时监测功能。控制站可冗余配置，灵活、合理。在同一系统中，任何信号均可按冗余或不冗余连接。对于系统中的重要公共部件，如主控制卡、数据转发卡和电源箱一般采用 1：1 冗余。

过程控制网络实现工程师站、操作员站、控制站的连接，完成信息、控制命令等传输，采用双重化冗余设计，确保信息传输安全、高速。

JX-300XP 控制系统采用三层通信网络结构，如图 6-1 所示。

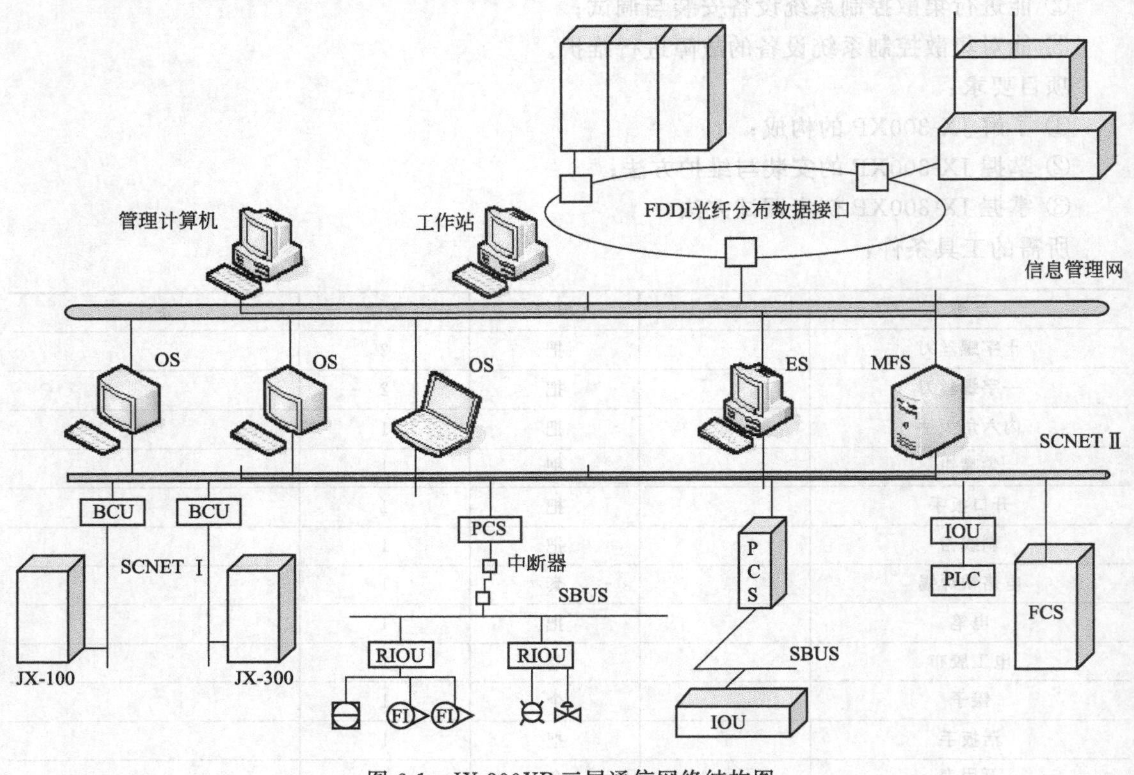

图 6-1 JX-300XP 三层通信网络结构图

最上层为信息管理网，采用 TCP/IP 协议的以太网，连接了各个控制装置的网桥以及企业内部各类管理计算机，用于工厂级的信息传输和管理，是负责全厂综合管理的信息通道。

中间层为过程控制网（SCnet Ⅱ），采用了双高速冗余工业以太网 SCnet Ⅱ 作为过程控制网络，连接操作员站、工程师站和控制站等，实现站间各种实时信息的传输。

底层网络为控制站内部网络（SBUS），采用主控制卡指挥式令牌网，存储转发通信协议，是控制各卡件之间信息交换的通道。

（2）AE2000 过程控制对象介绍

AE2000 过程控制对象工艺流程图如图 6-2 所示。

① 主要设备　主要设备如表 6-1。

表 6-1　主要设备

设备名称		型号	数量	备注
AE2000 对象			1 个	
AE2000 中继平台			1 个	
现场控制站	电源机笼	5V/24V 电源模块	2 个	
	I/O 机笼	XP243	2 块	
		XP233	2 块	
		XP313	2 块	
		XP314	1 块	
		XP316	1 块	
		XP322	1 块	
		XP335	1 块	
		XP000	5 块	
		XP520	8 块	
	HUB 机笼	16 口集线器(HUB)	2 个	
操作站	工程师站	工控机、显示器、键鼠	1 套	
		加密狗(工程师狗)	1 个	
		打印机	1 台	
	操作员站	工控机、显示器、键鼠	1 套	
		加密狗(操作员狗)	1 个	

② I/O 清单　过程控制对象中的测点清单如表 6-2。

表 6-2　I/O 清单表

位号	信号			趋势要求				备注
	描述	I/O	类型	量程	报警要求	周期	压缩方式 统计数据	
LI101	上水箱液位	AI	不配电 4～20mA	0～50cm	90％高报 H	1	低精度并记录	02-00-00-00
LI102	中水箱液位	AI	不配电 4～20mA	0～50cm	90％高报 H	1	低精度并记录	02-00-00-01

续表

位号	信号				趋势要求			备　注
	描述	I/O	类型	量程	报警要求	周期	压缩方式 统计数据	
LI103	下水箱液位	AI	1～5V	0～50cm	90%高报 H	1	低精度并记录	02-00-02-00
TI101	锅炉内胆温度	AI	不配电 4～20mA	0～100℃	H:60	1	低精度并记录	02-00-00-02
TI102	锅炉顶部温度	AI	PT100	0～100℃	H：60	1	低精度并记录	02-00-00-03
TI103	夹套温度	AI	不配电 4～20mA	0～100℃	HH：60	1	低精度并记录	02-00-01-00
TI104	热出温度	AI	不配电 4～20mA	0～100℃	HH：60	1	低精度并记录	02-00-01-01
TI105	冷出温度	AI	不配电 4～20mA	0～100℃	HH：60	1	低精度并记录	02-00-01-02
TI106	热进温度	AI	不配电 4～20mA	0～100℃	HH：60	1	低精度并记录	02-00-01-03
FI101	孔板流量	AI	不配电 4～20mA	0～1.2m³/h		1	低精度并记录	02-00-01-04
FI102	涡轮流量	PI	频率型	0～1300Hz				02-00-10-00
LV101	电动调 节阀控制	AO	正输出					02-00-07-00
LV102	变频器控制	AO	正输出					02-00-07-01
TV101	单项调压 模块控制	AO	正输出					02-00-07-02

(3) JX-300XP 系统使用操作注意事项

① 使用环境　为保证系统运行在适当条件，一般需要满足如下要求。

● 密封所有可能引入灰尘、潮气、鼠害或其他有害昆虫的走线孔（槽）等。

● 保证空调设备稳定运行，保证室温变化小于5℃/h，避免由于温度、湿度急剧变化导致在系统设备上凝露。

● 避免在控制室内使用大功率无线电或移动通信设备，以防系统受电磁场和无线电频率干扰。

② 使用注意事项

● 严禁擅自改装、拆装系统部件。

● 严禁使用非正版的 Windows 2000/NT 或 Windows XP 系统。

● 显示器使用注意事项：

显示器应远离热源，保证显示器通风口不被他物挡住；

在进行连接或拆除前，请确认计算机电源开关处于“关”状态，此操作疏忽可能引起严重的人员伤害和计算机设备的损坏；

显示器不能用酒精或氨水清洗，如有需要，可用湿海绵清洗或使用清洗套装，并在清洗前切断电源。

③ 操作注意事项

● 文明操作，爱护设备，保持清洁，防灰防水；

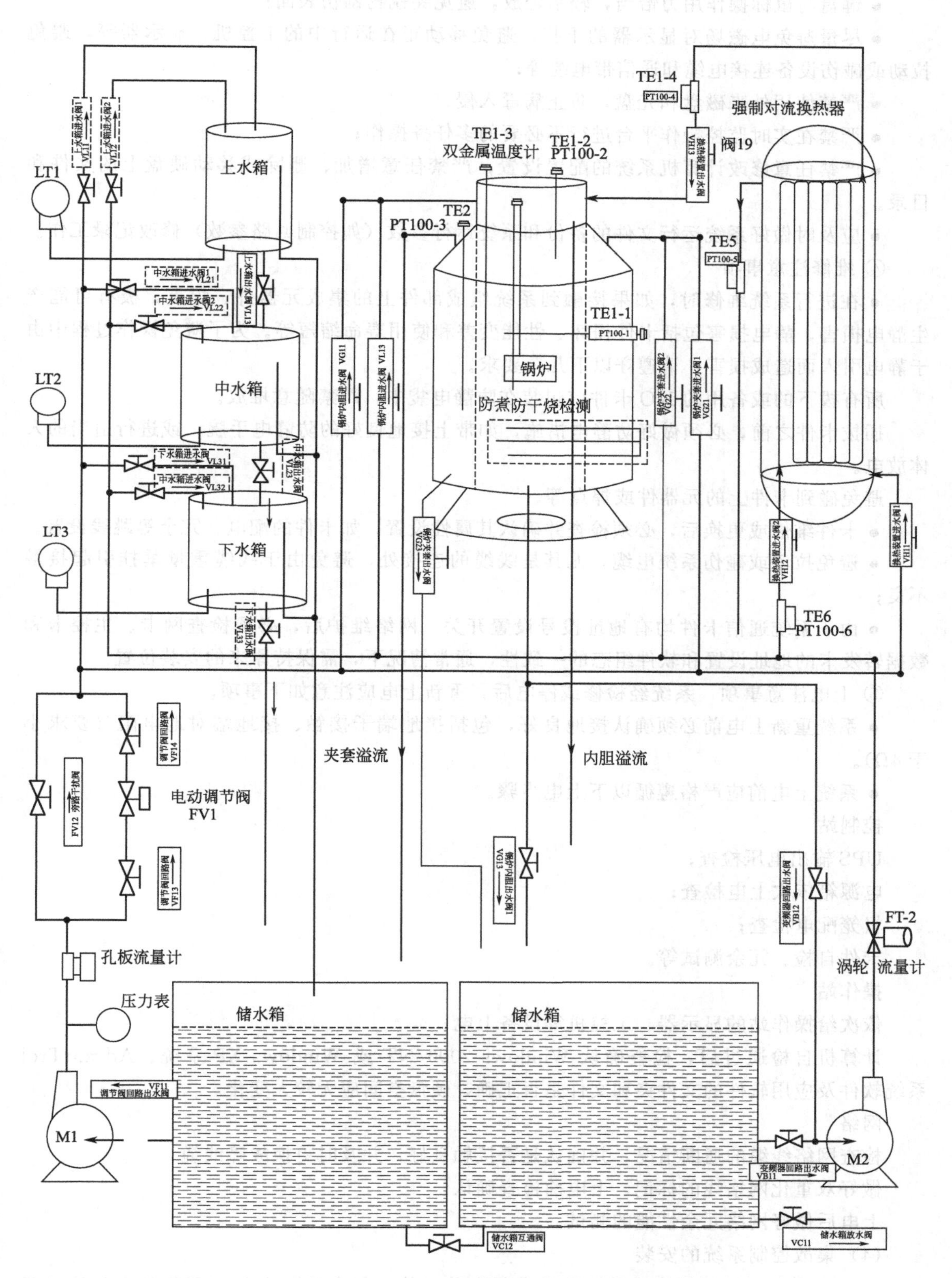

图 6-2　AE2000 过程控制对象工艺流程图

• 键盘与鼠标操作用力恰当，轻拿轻放，避免尖锐物刮伤表面；

• 尽量避免电磁场对显示器的干扰，避免移动正在运行中的工控机、显示器等，避免拉动或碰伤设备连接电缆和通信带电缆等；

• 严禁使用外来磁盘和光盘，防止病毒入侵；

• 严禁在实时监控操作平台进行不必要的多任务操作；

• 严禁任意修改计算机系统的配置设置，严禁任意增加、删除或移动硬盘上的文件和目录。

• 应及时做好系统运行文件的备份和系统运行参数（如控制回路参数）修改记录工作。

④ 维修注意事项

• 在进行系统维修时，如果接触到系统组成部件上的集成元器件、焊点，极有可能产生静电损害，静电损害包括卡件损坏、性能变差和使用寿命缩短等。为了避免操作过程中由于静电引入而造成损害，请遵守以下几个要求。

所有拔下的或备用的I/O卡件应包装在防静电袋中，严禁随意堆放。

插拔卡件之前，必须做好防静电措施，如带上接地良好的防静电手腕，或进行适当的人体放电。

避免碰到卡件上的元器件或焊点等。

• 卡件维修或更换后，必须检查并确认其属性设置，如卡件的配电、冗余等跳线设置。

• 避免拉动或碰伤系统电缆，尤其是线缆的连接处，避免由于线缆重量垂挂引起接触不良；

• 由于系统通信卡件均有地址拨号设置开关，网络维护后，必须检查网卡、主控卡和数据转发卡的地址设置和软件组态的一致性，通常情况下，需保持原来的安装位置。

⑤ 上电注意事项　系统经检修或停电后，重新上电应注意如下事项。

• 系统重新上电前必须确认接地良好，包括接地端子接触、接地端对地电阻（要求小于4Ω）。

• 系统上电前应严格遵循以下上电步骤。

控制站

UPS输出电压检查；

电源箱依次上电检查；

机笼配电检查；

卡件自检、冗余测试等。

操作站

依次给操作站的显示器、工控机等设备上电；

计算机自检通过后，检查确认Windows 2000/NT或Windows XP系统、AdvantTrol系统软件及应用软件的文件夹和文件是否正确，硬盘空间应无较大变化。

网络

检查网络线缆的通断情况，并确认是否接触良好，并及时更换故障线缆；

做好双重化网络线的标记，上电前检查确认；

上电后做好网络冗余性能的测试。

(4) 集散控制系统的安装

DCS在完成现场开箱检验后就可以进行安装工作，但在安装之前必须具备安装的各项条件，经生产商确认无误时才可以开始安装。安装前的准备工作包括：电源、基础（地基）和接地三方面。

电源需进行冗余配置，另一路为市电，另一路为UPS电源。在接到DCS带电部分之前，需向生产商提交一份有关电源的测试报告，以保证电源准确无误。

安装基础在安装之前也需要与设备一一对应。

DCS的接地要求较高，要有专用的工作接地极，而且要求它的入地点与避雷针入地点距离大于4m，接地体与交流电的中线及其他用电设备接地体间距离大于3m，DCS的工作地应与安全地分开。另外还要检测它的接地电阻，要求小于1Ω。

在准备工作结束后，即可以开始DCS的安装。系统安装工作包括：

机柜、设备安装和卡件安装；

系统内部电缆连接；

端子外部仪表信号线的连接；

系统电源、地线的连接。

为了防止静电对卡件上电子元件的损坏，在安装带电子元件的设备时，操作员一定要戴上防静电器具。另外，在系统安装时注意库房到机房的温度变化梯度要符合要求。

① 安装前应具备的条件

• 电源冗余配置、安装基础完成和接地满足要求。

• 土建、电气、维修工程全部完工，空调启用，配备好吸尘器，主控室还需具备如下条件。

温度：18～27℃

湿度：50%～90%

照明：300～900lx

空气净化度：尘埃数量<200μg/m。

• 已经经过技术交底和必要的技术培训等技术准备工作。

• 设计施工图纸、有关技术文件及必要的使用说明书已齐全。

• 完成对操作台、机柜及相关设备的开箱检验，形成“开箱验收报告”。

② 控制室进线、电缆敷设及设备安装 控制室中进线可采用地沟进线方式和架空进线方式。

• 地沟进线时，电缆沟的室内沟底标高应高于室外沟底标高300mm以上并由内向外倾斜，入口处和墙孔洞必须进行防气、防液和防鼠害等密封处理，室外沟底应有泄水设施。

• 电缆架空敷设时，穿墙或穿楼板的孔洞必须进行防气、防液和防鼠害等密封处理，在寒冷区域应采取防寒措施。

电缆进入活动地板下应在基础地面上敷设。

• 信号电缆与电源电缆应分开，避免平行敷设。若不能避免平行敷设时，电源电缆和非本安信号电缆或本安信号电缆的间距应符合相关规则或采取相应的隔离措施，如表6-3。

表6-3 信号电缆与电源间距表

	信号电缆	距离/mm	备注
电源电缆	非本安信号电缆	≥150	
	本安信号电缆	≥600	

● 信号电缆与电源电缆垂直相交时，电源电缆应放置于汇线槽内。

操作室若采用水磨石地面，电缆应在电缆沟内敷设，对电源电缆应采取隔离措施，操作站（台）和机柜应通过地脚螺钉固定在槽钢上。

采用活动地板时，操作站（台）和机柜应固定在型钢制作的支撑架上，该支撑架固定在地面上。

③ 操作台及机柜的安装

● 型钢底座的制作安装　型钢底座要考虑强度、稳定性，还要根据地板的高度来考虑其高度，底座要打磨平整，不能有毛刺和棱角，制作完成后及时除锈并做防腐处理，然后用焊接方法或用打膨胀螺栓的方法将其固定在地板上。

● 操作站或机柜的安装　通过阅读“主控机房平面布置图”，核实各站的位置。就位后卸除各操作台和机柜内为运输方便所设置的紧固件，安装要求垂直、平整、牢固。

④ 接地系统的安装　合理准确的接地是保证集散控制系统运行安全可靠，系统网络通信畅通的重要前提。正确的接地既可以抑制外来干扰，又能减小设备对外界的干扰影响。

● 接地目的　集散控制系统接地有两个目的：一是为了安全；二是为了抑制干扰。

安全，包括人身安全和系统设备安全。根据安全用电法规，电子设备的金属外壳必须接大地，以防在事故状态时金属外壳出现过高的对地电压而危及操作人员安全和导致设备损坏。

抑制干扰包括两部分，一是提高系统本身的抗干扰能力；二是减小对外界的影响。

集散控制系统的某些部分与大地相连可以起到抑制干扰的作用。如静电屏蔽层接地可以抑制变化电场的干扰，因为电磁屏蔽用的导体在不接地时会增强静电耦合而产生“负静电屏蔽”效应，加以接地能同时发挥静电屏蔽作用；系统中开关动作产生的干扰，在系统内部（如各操作站及控制站间）会产生相互影响，通过接地可以抑制这些干扰的产生。

● 接地分类

保护接地　凡控制系统的机柜、操作台、仪表柜、配电柜、继电器柜等用电设备的金属外壳及控制设备正常不带电的金属部分，由于各种原因（如绝缘破坏等）而有可能带危险电压者，均应进行保护接地。注意不要串联接地。接地电阻应符合设计规定（一般小于 4Ω）。若设备供电电压低于 36V，若无特殊要求可以不进行保护接地。

工作接地　控制系统的工作接地包括：信号回路接地、屏蔽接地和本质安全仪表接地，控制系统工作接地的原则为单点接地，即通过唯一的接地基准点组合到接地系统中去。

隔离信号可以不接地。“隔离”是指 I/O（输入/输出）信号之间的电路是隔离的、对地是绝缘的，电源是独立的、相互隔离的。

非隔离信号通常以直流电源负极为参考点，并接地。信号分配均以此为参考点。

用以降低电磁干扰的部件如电缆的屏蔽层应进行单点（或一端）的屏蔽接地。

采用齐纳式安全栅的本质安全系统应设置接地连接系统。采用隔离式安全栅的本质安全系统，不需要专门接地。

防静电接地　安装控制系统的控制室、机柜室，应考虑进行防静电接地，即需进行导静电地面、活动地板、工作台等应进行防静电接地。

防雷接地　当控制系统的信号、通信和电源等线路在室外敷设或从室外进入室内的（如安装浪涌吸收器 SPD、双层屏蔽接地等），需要设置防雷接地连接的场合，应实施防雷接地。

控制系统的防雷接地不得与独立的防直击雷装置共用接地系统。

● 接地系统和接地原则　接地系统由接地连接和接地装置两部分组成，如图 6-3 所示。在实际接地时，可根据实际情况删减。这里，接地连接包括：接地连线、接地汇流排、接地分干线、接地汇总板、接地干线。接地装置包括：总接地板、接地总干线、接地板。

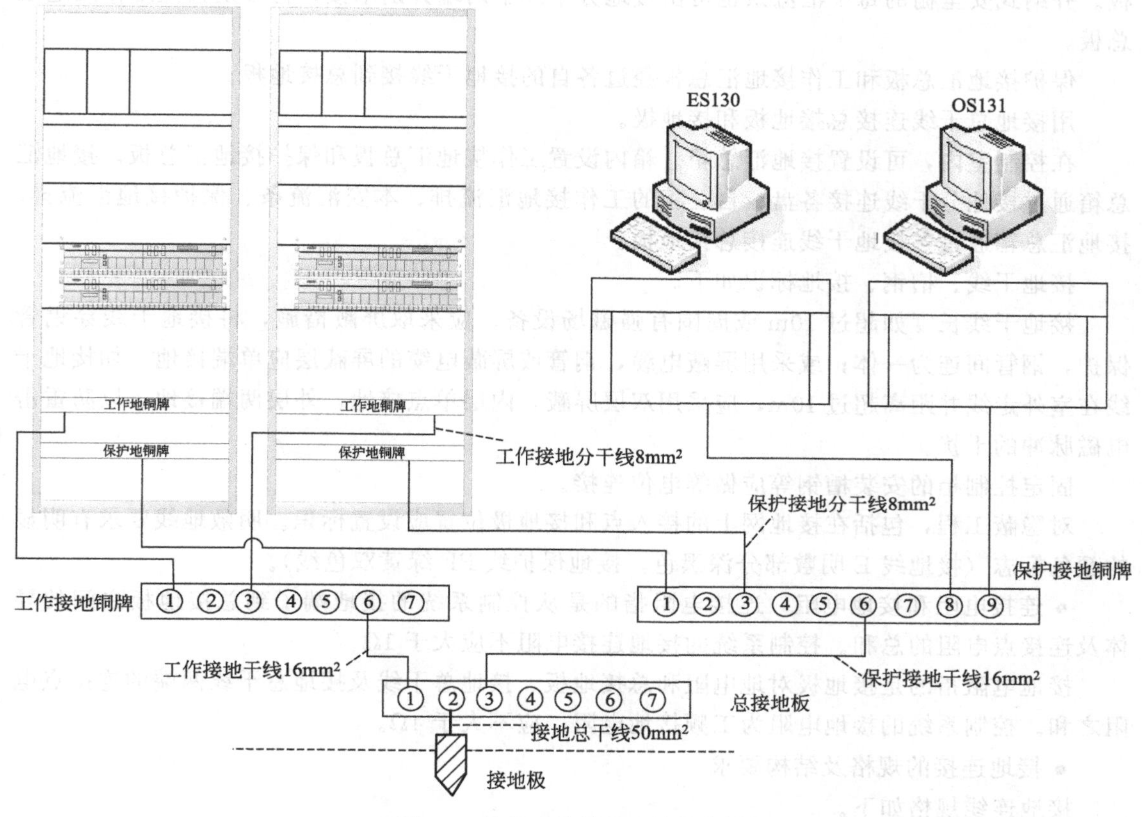

图 6-3　控制系统接地连接示意图

控制系统的接地连接一般采用分类汇总，再与总接地板连接的方式。注意，控制系统在接地网上的接入点应和防雷地、大电流或高电压设备的接地点保持不小于 5m 的距离。在各类接地连接中严禁接入开关或熔断器。

● 接地连接方法

现场仪表的接地连接方法如下。

金属电缆槽、电缆的金属保护管应做保护接地，其两端或每隔 30m 可与就近已接地的金属构件相连，并应保证其接地的可靠性及电气的连续性。

现场仪表的工作接地一般应在控制室侧接地。

对于要求或必须在现场接地的现场仪表，如接地型热电偶、PH 计、电磁流量计等应在现场侧接地。

盘、台、柜的接地连接方法如下。

在控制室内的盘、台、柜内应分类设置保护接地汇流排、信号及屏蔽接地汇流排（工作接地汇流排），如有本安设备还应单独设置本安接地汇流条。控制系统的保护接地端子及屏蔽接线端子通过各自的接地连线分别接至保护接地汇流排和工作接地汇流排。各类接地汇流排经各自接地分干线接至保护接地汇总板和工作接地汇总板。

由于计算机在出厂时已将工作接地和保护接地连在一起，将外壳上的任一颗螺钉连在操作台内的工作接地汇流排上即可。

齐纳式安全栅的每个汇流条（安装轨道）可分别用两根接地分干线接到工作接地汇总板。齐纳式安全栅的每个汇流条也可由接地分干线于两端分别串接，再分别接至工作接地汇总板。

保护接地汇总板和工作接地汇总板经过各自的接地干线接到总接地板。

用接地总干线连接总接地板和接地极。

在控制室内，可设置接地汇总箱。箱内设置工作接地汇总板和保护接地汇总板。接地汇总箱通过接地分干线连接各盘、台、柜的工作接地汇流排、本安汇流条、保护接地汇流排。接地汇总箱通过各接地干线连接总接地板。

接地干线、槽钢、接地标识如下。

接地干线长度如超过 10m 或周围有强磁场设备，应采取屏蔽措施，将接地干线穿钢管保护，钢管间连为一体；或采用屏蔽电缆，钢管或屏蔽电缆的屏蔽层应单端接地。如接地干线在室外走线并距离超过 10m，应采用双层屏蔽，内层单点接地，外层两端接地，以防雷击电磁脉冲的干扰。

固定控制柜的安装槽钢等应做等电位连接。

对隐蔽工程，包括在接地网上的接入点和接地极位置应设置标识。明敷地线要求有明显的颜色标志（接地线 E 明敷部分深黑色，接地保护线 PE 绿黄双色线）。

● 连接电阻和接地电阻　连接电阻指的是从控制系统的接地端子到总接地板之间的导体及连接点电阻的总和。控制系统的接地连接电阻不应大于 1Ω。

接地电阻指的是接地极对地电阻和总接地板、接地总干线及接地总干线两端的连接点电阻之和。控制系统的接地电阻为工频接地电阻，应不大于 4Ω。

● 接地连接的规格及结构要求

接地连线规格如下。

接地系统的导线应采用多股绞合铜芯绝缘电线或电缆。

接地系统的导线应根据连接设备的数量和长度按下列数值范围选用：

接地连线，2.5～4mm^2；

接地分干线，4～16mm^2；

接地干线，10～25mm^2；

接地总干线，16～50mm^2。

接地汇流排、连接板规格如下。

接地汇流排宜采用 25mm×6mm 的铜条制作。

接地汇总板和总接地板应采用铜板制作。铜板厚度不应小于 6mm，长宽尺寸按需要确定。

接地连接结构要求如下。

所有接地连线在接到接地汇流排前均应良好绝缘；所有接地分干线在接到接地汇总板前均应良好绝缘；所有接地干线在接到总接地板前均应良好绝缘。

接地汇流排（汇流条）、接地汇总板、总接地板应用绝缘支架固定。

接地系统的各种连接应保证良好的导电性能。接地连线、接地分干线、接地干线、接地总干线与接地汇流排、接地汇总板的连接应采用铜接线片和镀锌钢质螺栓，并采用防松和防滑脱件，以保证连接的牢固可靠。或采用焊接。

接地总干线和接地极的连接部分应分别进行热镀锌或热镀锡。

⑤ 电源的安装　电源的安装需要考虑系统的供电设计，即：负荷分类及供电要求、电源质量、容量、供电系统的设计、供电器材的选择和供电系统的配线等内容。

● 负荷分类及供电方式

负荷分类　根据生产过程对控制系统的重要性、可靠性、连续性的不同要求，控制系统的用电负荷分重要负荷和一般负荷。

重要负荷是指在电源中断后会打乱生产过程，造成设备损坏、人身伤害事故，并造成经济损失。在大多数情况下控制系统的用电负荷属重要负荷。

一般负荷是指在电源中断后不会打乱生产过程，不会造成设备损坏和经济损失。在少数情况下，控制系统的用电负荷属一般负荷。

各类负荷的供电方式　一般负荷由普通电源供电，可采用互为备用、两路不同低压母线的普通电源。

不得将 UPS 电源和普通电源同时并接在一个用电负荷上。

● 供源质量和容量

供源质量　普通交流电源质量指标如下。

电压：220V AC±10％；

频率：(50±1) Hz；

波型失真率：小于 10％；

电压瞬间跌落：小于 10％。

不间断电源质量指标如下。

电压：220V AC±5％；

频率：(50±0.5)Hz；

波型失真率：小于 5％；

允许电源瞬断时间：小于 3ms；

电压瞬间跌落：小于 10％。

电源容量　电源输出的额定容量，直流电以“A”表示，交流电以“kV·A”表示。

控制系统的交流电源容量应按控制系统电源额定容量总和的 1.2～1.5 倍计算。

● 供电系统的设计

普通电源供电系统　普通电源供电系统原则上采用二级供电，即总供电和机柜开关板二级。

在二级供电系统中，可设置总供电箱，也可将总供电设置在外配柜等其他箱内。

保护电器的设置，应符合下列规定：

总供电设输入总断路器和输出分断路器；

若机柜和总供电相距很近，机柜开关板输入端可以不设总断路器；

总供电应设置保护接地汇流排（PE）。

属于一般负荷的现场设备的供电，如果单独供电有困难时，可由现场邻近低压配电箱供电。

不间断电源供电系统　不间断电源对控制系统供电时，可采用二级供电方式，即设置总供电和机柜开关板。

如不间断电源由业主（电气专业）提供时，总供电可由业主（电气专业）负责一级配电设计，总供电箱可安装在控制室内。

保护电器的设置，应符合下列规定：

总供电设输入总断路器和输出分断路器；

若机柜和总供电相距很近，机柜开关板的输入端可以不设总断路器；

总供电应设置保护接地汇流排（PE）。

UPS 后备电池的供电时间（即不间断供电时间）应不小于 30min。

UPS 应具有故障报警及报警信号输出功能；其报警接点宜引入到控制系统中去。

UPS 应具有设备保护功能。

UPS 应具有稳压功能。

UPS 在额定工作环境温度下的平均无故障工作时间（MTBF）应大于 150000h。

电源设计条件应包括的内容：

用电总量（kV·A），其中包括普通电源（kV·A）和不间断电源（kV·A）；

电压允许波动范围；

电源频率及允许波动范围；

普通电源是否采用双回路供电；

不间断电源的供电回路数；

不间断电源蓄电池备用时间（min）；

现场设备单独供电电源等。

● 供电器材的选择

电器选择的一般原则 选用电器应满足如下正常工作条件的要求：

电器的额定电压和额定频率，应符合所在网络的额定电压和额定频率；

电器的额定电流应大于所在回路的最大连续负荷计算电流；

保护电器应采用自动断路器并满足电路保护特性要求。

用于短路保护的断路保护器，在负载或线路短路时应有足够的短路电流的分断能力。外壳防护等级应满足环境条件的要求。

断路器的选择 供电线路中各类开关容量可按正常工作电流的 2～2.5 倍选用。

断路器的选择，应符合下列规定：

正常工作情况下断路器中过电流脱扣器的额定电压应大于或等于线路的额定电压。

断路器中过电流脱扣器的整定电流应同时满足正常工作电流和启动尖峰电流两个条件的要求，且应小于线路的允许载流量。

启动尖峰电流（或负荷尖峰电流）I_p 的计算公式为

$$I_p = I_{q_1} + I_{q_{(n-1)}}$$

式中 I_{q_1}——线路中启动电流最大的一台设备的全启动电流，其值为该设备启动电流的 1.7 倍；

$I_{q_{(n-1)}}$——除 I_{q_1} 以外的线路计算电流。

瞬时动作的过电流脱扣器和短延时过电流脱扣器的整定电流一般按大于或等于线路中启动尖峰电流的 1.2 倍取值；长延时过电流脱扣器的整定电流一般按大于线路计算电流的 1.1 倍取值。

二级配电系统中，支线上采用断路器时，干线上的断路器动作延时时间应大于支线上断路器的动作延时时间。

● 供电系统的配线

线路敷设　电源线不应在易受机械损伤、有腐蚀介质排放、潮湿或热物体绝热层处敷设；当无法避免时应采取保护措施。

交流电源线应与模拟量信号导线分开敷设，当无法分开时应采取金属隔离或屏蔽措施。

交流电源线应与防直击雷的引下线保持不小于 2m 的距离，当无法避开时应采取金属隔离或屏蔽措施。

控制室内的电源线配线应选用聚氯乙烯绝缘芯线；控制室至装置现场应采用聚氯乙烯护套聚氯乙烯绝缘铜芯电缆；火灾及爆炸危险场所宜采用耐火电缆或阻燃电缆。

交流电源线宜采用三芯绝缘线，分别为相线、零线和地线（机柜内的仪表配线除外）。

线路压降　配电线路上的电压降不应影响用电设备所需的供电电压。

交流电源线上的电压降，应符合以下规定：

电气供电点至控制系统总供电箱或 UPS 的电压降应小于 2.0V；

UPS 电源间应紧靠控制室，从 UPS 至控制系统总供电箱的电压降应小于 2.0V；

控制室内从控制系统总供电箱至用电设备电压降应小于 2.0V；

从控制系统总供电箱至控制室外用电设备电压降应小于 6.0V。

电源线截面积　从控制系统总供电箱至机柜开关板的电源线截面积不小于 $2.5mm^2$；从控制系统总供电箱至现场用电设备电源线截面积不小于 $1.0mm^2$。

供电系统接地配线的截面积应符合下列规定：

控制系统总供电箱的接地线截面积不小于 $16mm^2$；

机柜开关板的接地线截面积不小于 $1.5mm^2$。

● 功率消耗

控制站　控制站的功率消耗与控制站的具体配置及其相关设备有关，主要功耗设备有电源、风扇、HUB，其相关功耗如表 6-4。

表 6-4　控制站部件消耗功率

部件名称	消耗功率(MAX)/(W/只)	备　注
电源箱	200	可配置 4 只电源
风扇	20	可配置 4 只风扇
HUB	20	可配置 2 只 HUK

操作站　操作站的功率消耗如表 6-5。

表 6-5　操作站部件消耗功率

部件名称	消耗功率(MAX)/(W/只)	备　注
工控机	250	DELL
显示器(CRT)	110	Philips 22″/Dell 22″

DCS 的电源要求远高于常规仪表，必须安全可靠。目前，一般的集散控制系统控制站均采用了热备份电源的功能，整套系统采用 UPS 不间断电源。设计上可采用两条独立的供电线路供电，其间应有断路切换装置。

• 系统电源安装顺序　系统电源安装顺序如下。

核实各站的供电接线端子和电源分配盘（箱）是否正确，按要求接上电源；

确认各控制站内部电源开关均处于“关”位置后接上内部电源；

在确认机柜电源和接地后将电源卡件插进电源机笼（最好是不通电的情况下）。

（5）系统接线

在仔细阅读工程施工图中的“接线端子图”、“I/O 清单”后，确认每一信号的性质、变送器。

① 接线前准备工作　在仔细阅读施工图中的“接线端子图”、“I/O 清单”后，确认每个信号的性质、变送器或传感器的类型、开关量的输入状态（电平或干触点）、负载性质、机柜内各卡件和端子板的位置。

根据 DCS 已经组态的软件 I/O 卡件配置提供的信息，安装控制柜机笼内的卡件并填写卡件布置表。主控卡、数据转发卡设置根据设计要求进行主控卡地址设置、安装并填写表格。

② 集散控制系统的接线

• 硬件设备之间的连接，指操作站、控制站、辅助操作站、外设、控制柜间的连接。用标准化的插件插接；在确认这些设备的电源开关处于“关”的位置后进行接线。

• 集散控制系统和在线仪表的连接，步骤如下：

确认控制站的电源已关闭，各现场信号均处于断开状态；

各端子上的开关均处于断开状态；

按图纸要求接好现场信号；

检查接线的正确性；

• 接线是主控室中工作量最大、最繁琐、最易出错的工作，应谨慎、仔细，力求杜绝误差、差错或接插不牢固。分工时一般两人一组：一人负责接线，一人按图纸检查。

（6）AE2000 过程控制系统的安装案例

① 系统配置　系统配置如图 6-4 所示，现场控制站连接操作站电脑和现场模拟信号，机柜包括电源机笼、卡件机笼和通信机笼。

② 控制站的安装

• 卡件布置　根据 DCS 已经组态的软件 I/O 卡件配置提供的信息，安装控制站卡件机笼内的卡件并填写卡件布置图，如表 6-6。

表 6-6　卡件布置表

冗余		冗余																	
				0	1	2	3	4	5	6	7	8	9	10	11	12	13	14	15

• 主控卡安装　根据设计要求进行主控卡地址设置，安装并填写表 6-7。

表 6-7　主控卡地址设置记录

型号	地址	地址拨号（MSB-LSB）							
		S1	S2	S3	S4	S5	S6	S7	S8

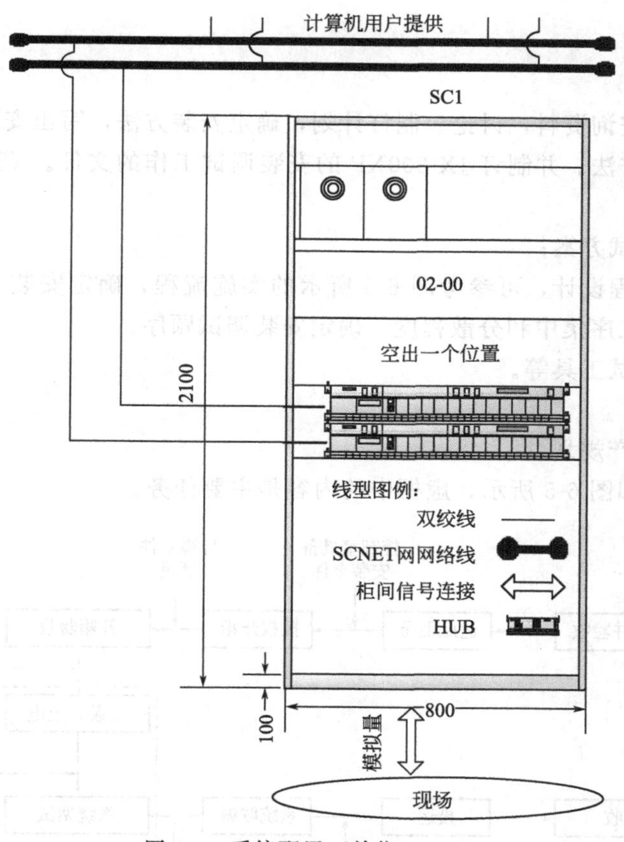

图 6-4　系统配置（单位：mm）

● 数据转发卡　根据设计要进行数据转发卡地址设置，安装并填写表 6-8。

表 6-8　数据转发卡地址设置记录

型号	地址	地址跳线(MSB-LSB)							
		SW8	SW7	SW6	SW5	SW4	SW3	SW2	SW1

● I/O 卡件安装　根据“测点清单”设计要求进行 I/O 卡件的跳线、配电跳线、信号类型选择跳线等，确保 I/O 卡件正常工作。

● 端子板安装　根据设计要求选择匹配的端子板，主要包括选择冗余端子板或非冗余的端子板。

● 信号线接线　这里需根据卡件型号、通道号、及是否配电等将信号线直接或间接连接至端子板。

注意：信号线必须合理扎捆，以保持整洁和便于查找；接入系统的信号线要求使用与线径相匹配的号码管，以便接线和查线；号码管的大小和长度要一致，号码管的下端应该尽量靠近机笼端子，起到隔离和保护作用；信号线在插入机笼端子时，拔出线芯不能太长，也不能太短。

电流信号输出卡 XP322 应注意对于已组态但未使用的通道应当进行短接。

【项目实施】

（1）制订计划

小组成员通过查询资料，讨论、制订计划，确定安装方法，写出安装调试方案，确定安装调试步骤、维护方法。并制订 JX-300XP 的安装调试工作的文件。（教师指导讨论）形成以下书面材料：

① 确定安装调试方案；

② 安装调试流程设计，可参考图 6-5 所示的实施流程，确定安装方法和调试方案、划分实施阶段、确定工序集中和分散程度、确定安装调试顺序。

③ 选择安装调试工具等。

④ 成本核算。

⑤ 制订安全生产规划。

项目实施流程如图 6-5 所示，虚框中的内容是主要任务。

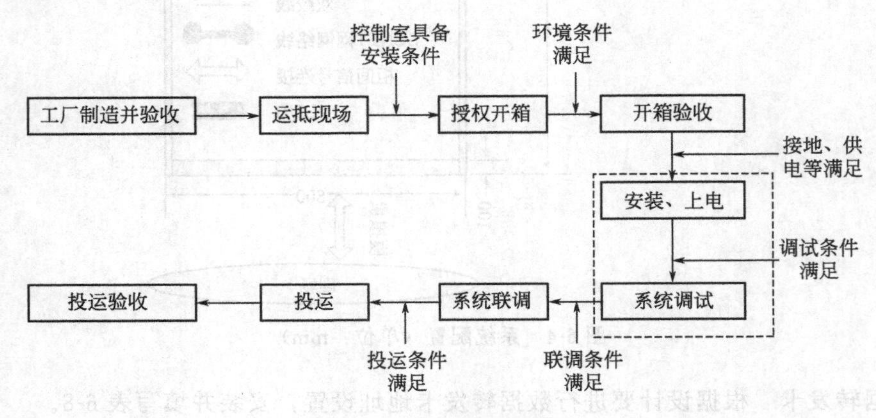

图 6-5　项目实施流程图

（2）实施计划

根据本组计划，进行 JX-300XP 的安装、调试，并进行技术资料的撰写和整理工作。形成资料，评价时汇报。教师重点指导学生正确使用工具和安全操作，重点观察学生材料的使用能力、规程与标准的理解能力、操作能力。

（3）检查评估

根据 JX-300XP 的安装、调试工作结果，逐项分析。各小组推举代表进行简短交流发言，撰写任务报告。提出自评成绩。教师重点指导对不合格项目的分析。重点指导哪些工作可改进？如何改进？

以小组自评、各组互评、教师评价三者结合的方式，评价任务完成情况，主要检验下列几项：

① 选用的卡件是否合理；

② 安装方法是否合理；

③ 调试的方法是否合理；

④ 对所设故障诊断是否正确，维护是否得当。

若检验不符合要求，根据教师、同学建议，对各步进行修改。

子项目 6.2　CENTUM CS3000 的安装

【项目任务】

针对过程控制对象，实施日本横河 CENTUM CS3000 设备安装与初步调试，完成一个现场控制站、两个操作站、冗余网络、冗余电源系统、安全接地等安装工作。

【任务与要求】

通过录像、实物、到现场观察，认识过程控制对象，掌握集散控制系统设备安装与调试方法。完成一个现场控制站、两个操作站、冗余网络、冗余电源系统、安全接地等安装工作，并对教师设置的故障进行诊断、维护。

项目任务：

① 认识过程控制对象；

② 能进行集散控制系统设备安装与调试；

③ 能对集散控制系统设备的故障进行维护。

项目要求：

① 了解 CENTUM CS3000 的构成；

② 掌握 CENTUM CS3000 的安装与维护方法；

③ 掌握 CENTUM CS3000 初步组态调试方法。

所需的工具条件：

名称	型号	单位	数量	备注
十字螺丝刀		把	2	
一字螺丝刀		把	2	
内六角扳手		把	1	
尖嘴钳		把	1	
开口扳手		把	1	
剥线钳		把	1	
电烙铁焊锡		套	1	
电笔		把	1	
电工胶布		卷	1	
镊子		个	1	
活扳手	6″	把	1	
万用表		个	1	

【学习讨论】

（1）CS3000 介绍及安装要求　CENTUM CS3000 集散控制系统是日本横河电机株式会

社开发的新一代产品，具有功能性、可靠性、灵活性强的特点。比较适用于大中型过程控制的综合控制系统。它是一种通过 V net 将操作站、现场控制站连接在一起的实时控制系统，依靠在操作站和现场控制站上运行相应的软件，实现操作监视和控制功能。也就是说 CENTUM CS3000 集散控制系统主要由操作站、现场控制站、网络通信系统组成。如图 6-6 所示，系统配置如下。

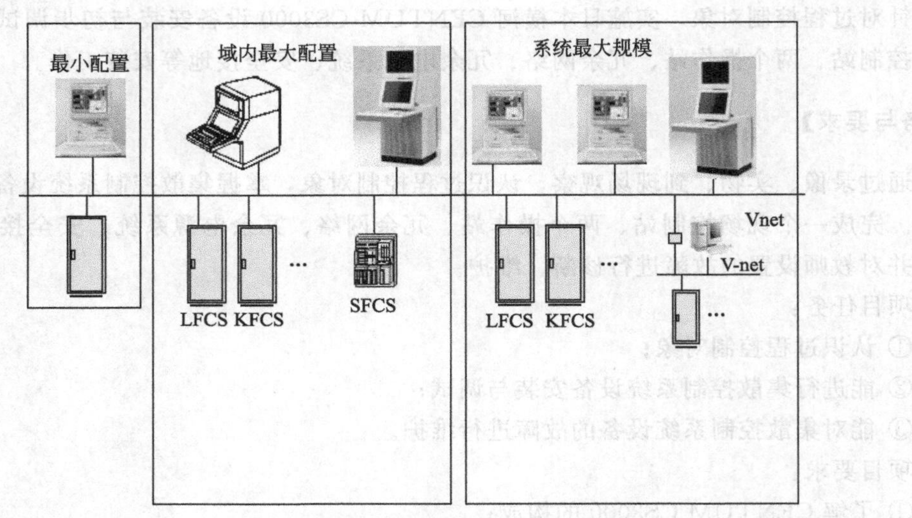

图 6-6 系统配置

操作监视工位数：100000 个。

域的最小配置：1 个 FCS、1 个 HIS。

域的最大配置：一个域中可以包含 HIS、FCS、BCV 等设备，总共最多 64 个站，其中 HIS 最多 16 个，8 个操作站以上需要服务器。其他通用的以太网通信设备（PCS，Routers 等）最多 124 个。

扩展系统配置：通过 L3SW 或 BCV 可将域互连，互连的域最多 16 个。在整个多域系统中最多 256 个站。

域：由 L3SW 或 BCV 分割的站的集合。

① 操作站 操作站分为操作员站和工程师站，操作员站（Human Interface Station）简称 HIS，工程师站（Engineering Work Station）简称 EWS，而在有些小型的控制系统中，操作员站也通常作为工程师站使用。操作站采用微软公司的 Windows 2000 或 Windows XP 作为操作系统，使用横河公司指定的工业高性能计算机，具有很强的安全性和可靠性。操作站的硬件配置要求如下。

CPU：Pentium 300MHz/600MHz 或更快（Windows 2000/XP 系统）。

显示器：1024×768 或更高分辨率；256 色或更高。

内存：128MB /256MB 或更大（Windows 2000/XP 系统）。

软驱：3. 5″。

键盘：通用键盘，操作员键盘。

网卡：VF701 与 Ethernet。

串并口：至少一串（操作员键盘）一并（打印机）。

扩展槽：1 个 PCI 插 VF701 卡，另一个 ISA 或 PCI 插以太网卡。

操作员站是操作人员与 DCS 相互交换信息的人机接口设备，是 DCS 的核心显示、操作和管理装置。操作人员通过操作站监视和控制生产过程，可以在操作站上观察生产过程的运行情况，了解每个过程变量的数值和状态，判断每个控制回路是否正常工作，并且可以根据需要随时进行手动、自动、串级等控制方式的无扰动切换，修改设定值，调整控制信号，操控现场设备，以实现对生产过程的控制。另外，它还可以打印各种报表，复制屏幕上的画面和曲线等。

工程师站是为了便于控制工程师对 DCS 进行配置、组态、调试、维护而设置的工作站。工程师站的另一个作用是对各种设计文件进行归类和管理，形成各种设计、组态文件，如各种图样、表格等。工程师站上的虚拟测试功能也可以在离线的情况下确认所生成的程序。

选用通用 PC 作为操作站还必须配备 VF701 卡（控制总线接口卡），选配操作员键盘。VF701 卡是安装在通用 PC 机的 PCI 槽上的控制总线接口卡，它用于将 PC 接入实时控制网，使其成为工程师站或者操作员站。VF701 卡上有用来设定站地址的 DIP 开关，DIP 开关位置在 VF701 卡的侧面，有两个，一个是域号的设置，一个是站号的设置，在软件安装前每块卡都必须进行设置。在同一个域中，每个站不管它是控制站还是操作站，地址必须是唯一的，也就是说，VF701 卡上的站地址拨号不能重复。通过 DIP 开关设置的站号范围从 1～64，采用奇校验。

② 现场控制站　现场控制站（Field Control Station）简称 FCS，现场控制站主要接收现场设备送来的信号，然后按照预定的控制规律进行运算，并将运算的结果作为控制信号，送回现场的执行机构上去。现场控制站可以同时实现 I/O 信号输入/输出及处理反馈控制、逻辑控制和顺序控制等功能。CS3000 对应不同需求控制站的类型有标准型、增强型和紧凑型，而标准型和增强型控制站又可分为两类，一类使用 RIO（Remote I/O），由 RIO Bus 连接，简称 LFCS；另一类使用 FIO（Field network I/O），由 ESB Bus 和 ER Bus 连接，简称 KFCS。本章主要介绍 FIO 标准型控制站，即 KFCS。

CS3000 系统的 KFCS 控制站均分为机柜型和 19-inch 架装型两种，KFCS 控制站是由一个现场控制单元（FCU）通过 ESB Bus 与本地 NODE 连接，或者通过 ER Bus 与远程 NODE 连接。也就是说一个 FIO 总线型现场控制站是由现场控制单元（FCU）、输入输出节点单元（NODE Unit、节点卡）、输入/输出卡件（IOM）、连接总线（ESB Bus/ER Bus）构成，如图 6-7 所示。

● FCU 现场控制单元　FCU 是现场控制站 FCS 的中央控制单元，是 DCS 直接与生成过程进行信息交换的 I/O 处理系统，它的主要任务是进行数据采集及处理，对被控对象实施闭环反馈控制、顺序控制和批量控制。横河 CS3000 FCU 在 DCS 领域率先采用了可靠性极高的 4 个 CPU 的“pair& spare”和“Fail Safe”结构设计，实现了完全的容错冗余，解决了过去的单重双重化方式下不能解决的问题。FIO 标准型现场控制站 KFCS 的 FCU 有四种类型，19-inch 架装型 AFS30S 现场控制单元，19-inch 架装型 AFS30D 双重化现场控制单元，机柜型 AFS40D 现场控制单元，机柜型 AFS40S 双重化现场控制单元。FCU 的系统配置如下。

CPU：VR5432（133MHz）。

内存后备：72h。

NODE：15 个节点（远程＋本地）。

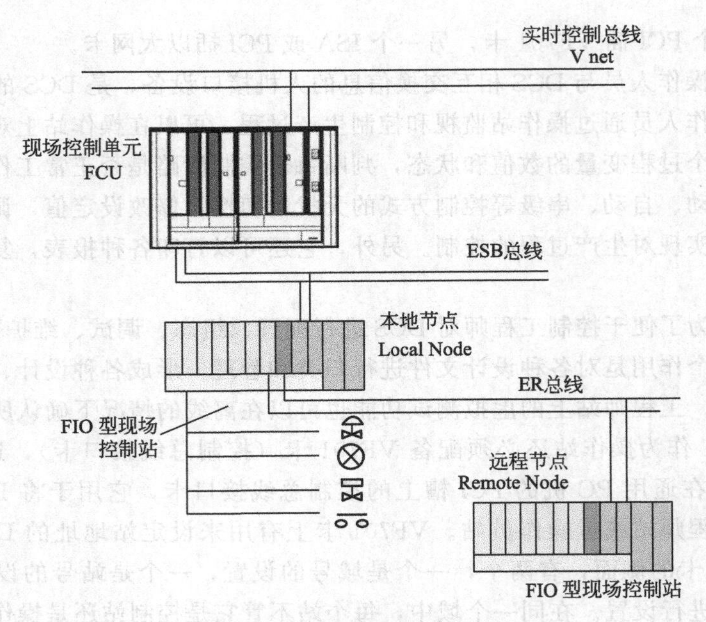

图 6-7 FIO 总线型现场控制站

NIU：节点接口单（1…15）。

FIO：输入输出单元（8）。

AI/AO：128 点/Node。

KFCS：1280/FCS。

DI/DO：512 点/Node。

KFCS：4096/FCS。

双重化：CPU，电源，通信接口。

安装：机柜安装/19-inch 机架安装。

FIO 总线型现场控制站（KFCS/KFCS2）的 FCU 上，根据所选的类型可安装一个或两个处理器卡。处理器卡上有指示卡件运行状态的指示灯以及设置控制站 DIP 的开关。

处理器卡有两个 DIP 开关，一个用于设置域号（Domain Number），一个用于设置站号（Station Number）。当处理器卡双重化时，两块卡的 DIP 必须设为一样。在设定域地址时，拥有同一控制总线的系统，或者说拥有同一条 V net 的系统，必须设置为同一域号。通过 DIP 开关设置的域号范围从 01～16，DIP 开关的第 2 和第 3 位始终设置为 0，采用奇校验，如图 6-8 所示。在设定站地址时，在同一个域中每个站不管它是否是人机界面站，站号必须唯一，也就是说 VF701 卡上的站地址拨号和控制站上的地址拨号不能重复。通过 DIP 开关设置的站号范围从 01～64，采用奇校验。

• NODE Unit 输入输出节点单元 NODE 的作用是将输入/输出设备（I/O 模块）的数据传送给 FCU，同时将 FCU 的处理的数据传送给输入/输出设备（I/O 模块）。NODE 分为本地和远程（均为 19-inch 架装）两种，一种是使用 ESB Bus 连接 NODE 与现场控制单元，另一种是使用 ER Bus 连接 NODE 与现场控制单元。使用 ESB Bus 连接的 NODE 称为本地 NODE，本地型型号：ANB10S/ANB10D。使用 ER Bus 连接的 NODE 称为远程 NODE，远程型型号：ANR10S/ANR10D。没有本地 NODE 就没有远程 NODE。一个标准型现场控制站（KFCS）的 FCU 最多可连接 10 个 NODE，如果连接远程 NODE，远程 NODE 数不能超

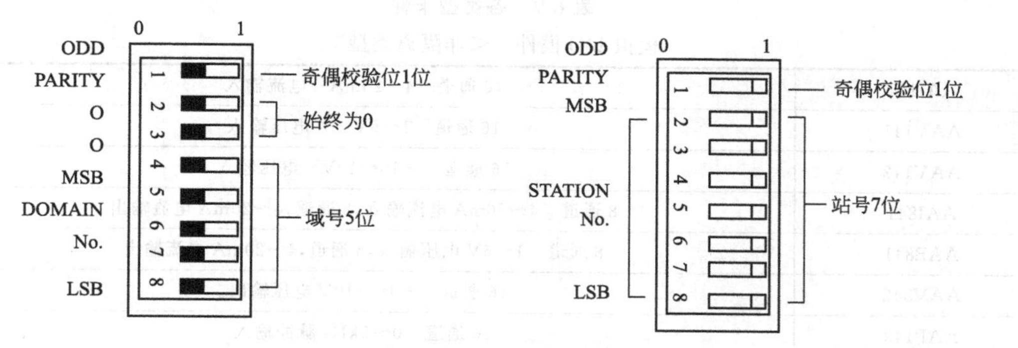

图 6-8 DIP 开关设置

过 9 个。每个 NODE 单元有 12 个槽位，左边 8 个为 I/O 模块槽位，右边 4 个是 Bus 接口模块和供电模块槽位，如图 6-9 所示。

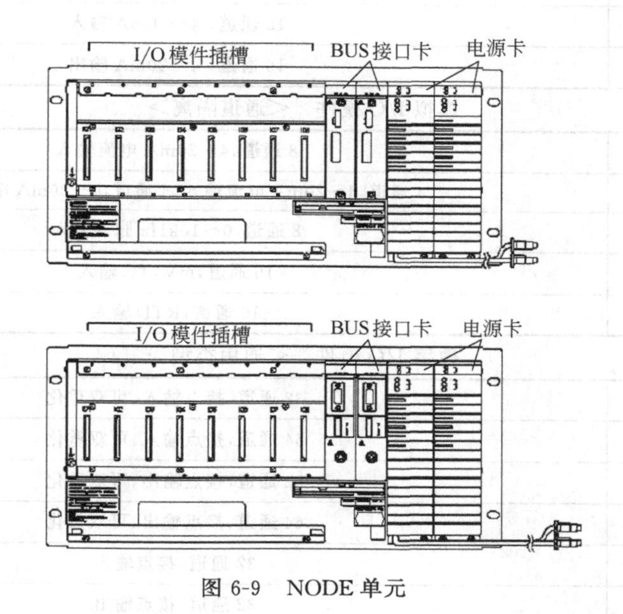

图 6-9 NODE 单元

I/O 模块安装有双冗余要求时，只能是 I01-I02，I03-I04，I05-I06，I07-I08 相互后备，如图 6-10 所示。

槽名	IO1	IO2	IO3	IO4	IO5	IO6	IO7	IO8	B1	B2	P1	P2
	FIO	FIO	FIO	FIO	FIO	FIO	FIO	FIO	SB401 或 EB501	SB401 或 EB501	PW481 或 PW482 或 PW484	PW481 或 PW482 或 PW484

图 6-10 I/O 模块安装有双冗余要求

• IOM 输入/输出卡件 I/O 卡件是完成现场设备到控制站、控制站到现场设备数据交换的模块。FIO 标准型控制站卡件可分为 3 大类，即模拟量输入/输出卡件、数字量输入/输出卡件和通信卡件，各类型卡件如表 6-9。FIO 型的所有模拟量卡件均可实现双重化，数字量卡件也可实现双重化。

表 6-9 各类型卡件

模拟 I/O 模件 ＜非隔离类型＞	
AAI141	16 通道 4～20mA 电流输入
AAV141	16 通道 1～5V 电压输入
AAV142	16 通道 −10～10V 电压输入
AAI841	8 通道 4～20mA 电流输入，8 通道，4～20mA 电流输出
AAB841	8 通道 1～5V 电压输入，8 通道，4～20mA 电流输出
AAV542	16 通道 −10～10V 电压输出。
AAP149	16 通道 0～6kHz 脉冲输入
模拟 I/O 模件 ＜隔离（系统和现场）＞	
AAT141	16 通道，mV，TC 输入（TC：JIS R，J，K，E，T，B，S，N/mV：−100～150mV）
AAR181	12 通道，RTD 输入（RDT：JIS Pt100Ω）
AAI143	16 通道，4～20mA 输入
AAI543	16 通道，4～20mA 输出
模拟 I/O 模件 ＜通道隔离＞	
AAI135	8 通道，4～20mA 电流输入
AAI835	4 通道，4～20mA 电流输入，4 通道，4～20mA 电流输出
AAP135	8 通道，0～10kHz 脉冲输入
AAT145	16 通道，mV，TC 输入
AAR145	16 通道，RTD 输入
数字 I/O 模件 ＜通用类型＞	
ADV151	32 通道，接点输入，可双重化
ADV161	64 通道，接点输入，可双重化
ADV551	32 通道，接点输出，可双重化
ADV561	64 通道，接点输出，可双重化
ADV157	32 通道，接点输入
ADV557	32 通道，接点输出
数字 I/O 模件 ＜AC 输入模件＞	
ADV141	16 通道，100～120V AC 输入，可双重化
ADV142	16 通道，220～240V AC 输入，可双重化
数字 I/O 模件 ＜继电器输出模件＞	
ADR541	16 通道，继电器输出，（24～100V DC，100～200V AC），可双重化
数字 I/O 模件 ＜CENTUM-ST 兼容型＞	
ADV859	16 通道输入，16 通道输出（ST2）
ADV159	32 通道输入（ST3）
ADV559	32 通道输出（ST4）
AVD869	32 通道输入，32 通道输出（ST5）
ADV169	64 通道输入（ST6）
ADV569	64 通道输出（ST7）

内置安全栅模拟 I/O 模件 ＜隔离（系统和现场）＞	
ASI133	8 通道,4～20mA 电流输入
ASI533	8 通道,4～20mA 电流输出
AST143	16 通道,mV,TC 输入
ASR133	8 通道,RTD 输入
内置安全栅数字 I/O 模件 ＜隔离（系统和现场）＞	
ASD143	16 通道输入
ASD533	8 通道输出
通信 I/O 卡件	
ALR111	2 端口 RS-232C 通信卡
ALR121	2 端口 RS-422/RS-485 通信卡
ALE111	1 端口 Ethernet 通信卡
ALF111	4 端口 Foundation 现场总线通信卡
ALP111	1 端口 PROFIBUS-DPV1 通信卡

FIO 型控制站模块接线方式分三种，MIL 方式、压夹方式、KS 电缆方式，如图 6-11 所示。在模块进行双重化安装时，压夹方式和 KS 电缆方式能够很方便的实现。压夹方式使用双重化盖板，KS 电缆方式使用横河专用端子板。

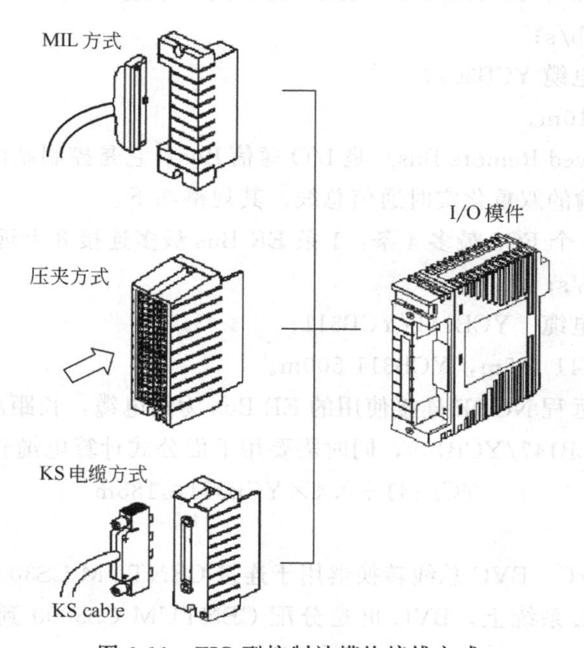

图 6-11 FIO 型控制站模块接线方式

根据输入/输出信号的种类，信号电缆应连接在 I/O 卡件的不同端子上，详细可参见表 6-10。

● ESB Bus/ER Bus 连接总线 ESB 总线（Extended Serial Backboard Bus）是 I/O 通信 Bus，它是控制站内现场控制单元 FCU 与本地 I/O 节点之间进行数据传输的双重化实时通信总线。其规格如下。

表 6-10　电缆连接说明

型号	信号名	输入/输出信号		
AAI141 AAI841 AAI143	IN□A IN□B	二线制变送器输入＋ 二线制变送器输入－ (指针设定:二线制输入)	电流输入－ 电流输入＋ (指针设定:四线制输入)	
AAI135 AAI835	IN□A IN□B IN□C	二线制变送器输入＋ 二线制变送器输入－	电流输入－ 电流输入＋	—
AAR181	IN□A IN□B IN□C	电阻温度检测输入 A 电阻温度检测输入 B 电阻温度检测输入 C	—	—
AAR145	IN□A IN□B IN□C	电阻温度检测输入 A 电阻温度检测输入 B 电阻温度检测输入 C	电位计输入,100％ 电位计输入,0％ 电位计输入,可变	—
AAP135	IN□A IN□B IN□C	二线制供电电源 二线制电源信号	二线制电压,接点＋ 二线制电压,接点－	三线制供电电源 三线制电源＋ 三线制电源－

最大连接设备：15 个 NODE/FCU（KFCS），其中本地 10 个，远程 5 个。

传输速率：128Mb/s；

传输介质：专用电缆 YCB301；

传输距离：最大 10m。

ER 总线（Enhanced Remote Bus）是 I/O 通信 Bus，它是控制站内本地 I/O 接点与远程 I/O 节点进行数据传输的双重化实时通信总线。其规格如下。

最大连接设备：1 个 FCS 最多 4 条，1 条 ER Bus 最多连接 8 个远程 NODE；

传输速率：10Mb/s；

传输介质：同轴电缆　YCB141/YCB311；

传输距离：YCB141 185m，YCB311 500m。

在这里要注意，远程 NODE 连接使用的 ER Bus 为细电缆，长距离连接粗细缆混连时需要使用总线适配器 YCB147/YCB149，同时需要用下面公式计算电缆长度：

$$YCB141+0.4\times YCB311\leqslant 185m$$

③ 网络通信系统

• 总线转换器 BVC　BVC 总线转换器用于连接 CENTUM CS3000 系统到已有的 CENTUM-XL 或 Micro XL 系统上，BVC 也是分配 CENTUM CS3000 到不同的域（Domains）的中间设备。

• 通信网关 ACG　用于连接系统的控制总线和以太网。

• Ethernet　用于连接 HIS、EWS、上位管理系统，完成系统与上位管理系统的数据交换，以及 HIS 间的等值化操作。

• V net　用于连接系统内各部件如 HIS、FCS、BCV 等的双重化实时控制网。相关数据如下。

最大站节点：64 站/域，256 站/系统；

传输速率：10Mb/s；

连接电缆：YCB111/YCB141（同轴电缆）；

传输距离：YCB111 500m，YCB141 185m；混合连接时：0.4×YCB111 ＋YCB141 ≤185m。

（2）过程控制对象介绍　过程控制对象工艺流程图如图 6-12 所示。

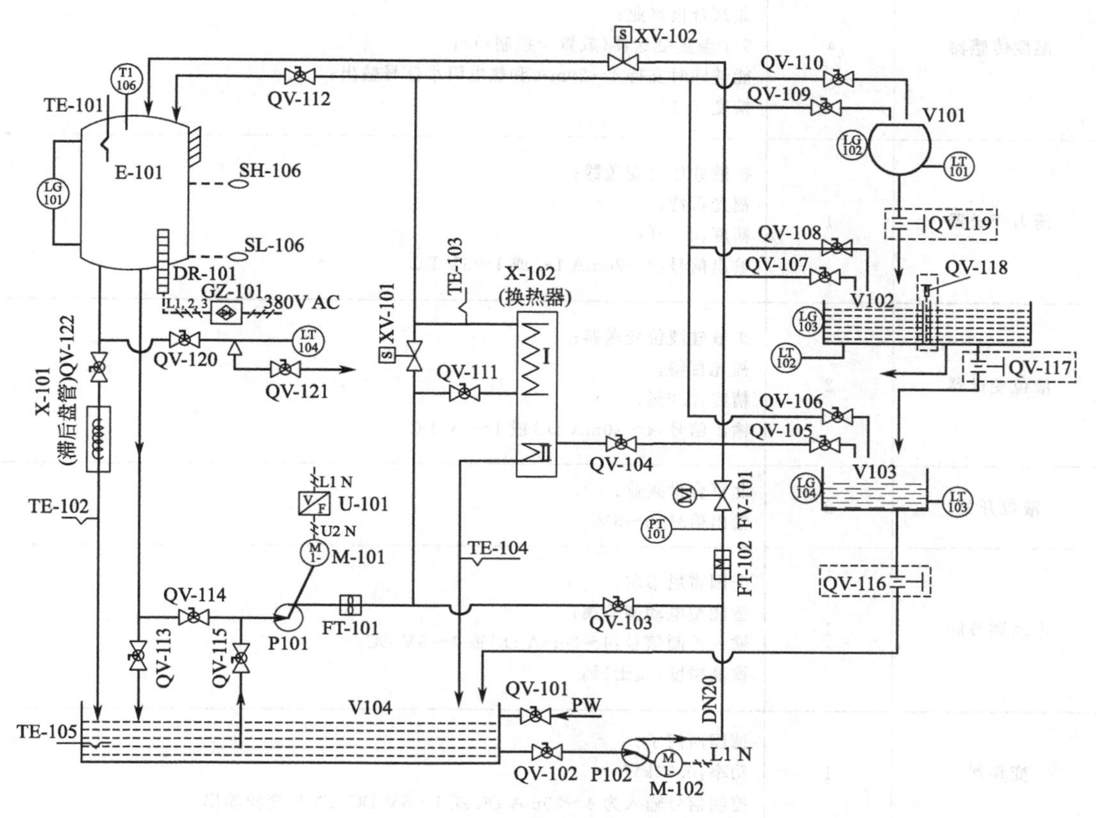

图 6-12　过程控制对象工艺流程图

① 主要设备　主要设备如表 6-11。

表 6-11　现场仪表规格参数

名称	数量	说明
涡轮流量计	1	涡轮流量计； 北京合世兴业； 流量范围：0～2m³/h； 测量精度：0.5%； 输出信号：4～20mA DC 或 1～5V DC
电磁流量计	1	一体化电磁流量计——带就地显示； 傅里叶流量计； 流量范围：0～2m³/h； 测量精度：0.5%； 输出信号：4～20mA DC 或 1～5V DC

续表

名称	数量	说明
温度计	1	双金属温度计； 北京合世兴业； 0～150℃
温度传感器	4	PT100温度传感器； 北京合世兴业； 5个温度变送器(放置于控制柜)； 能够同时支持4～20mA和热电阻小信号输出； 精度：0.2%
压力变送器	1	扩散硅压力变送器； 福光百特； 精度：0.5%； 输出信号：4～20mA DC或1～5V DC
液位变送器	2	扩散硅液位变送器； 福光百特； 精度：0.2%； 输出信号：4～20mA DC或1～5V DC
液位开关	2	北京合世兴业； 输出信号：0～5V
电动调节阀	1	美国霍尼韦尔； 智能型电动调节阀； 输入控制信号：4～20mA DC或1～5V DC 重复精度：≤±1%
变频器	1	德国西门子； 功率：0.75kW 控制信号输入为4～20mA DC或1～5V DC，220V变频输出
动力单元	2	西山泵业； 不锈钢增压泵； 静音设计； 10m扬程，2T/H标准流量
电磁阀	2	不锈钢电磁阀； 浙江永创，德国技术
电加热功率调节	1	三相可控硅调压器； 威海星佳； 4.5kW调解功率
现场系统控制箱	1套	包含系统驱动控制板，提供光电隔离，继电器驱动，提供信号切换，方便系统维护； 12V开关电源； 指示灯显示； 三相电和单相电供配电； 450V电压表；

续表

名称	数量	说明
紧急停车保护系统	1套	电磁阀+继电器+液位计+温度传感器+PLC+其他执行器设计； 多个继电器组合； 模拟工业现场紧急停车保护系统设计，实现该类型完整实验； 实现完整的工业超驰控制实验

② I/O 清单　过程控制对象中的测点清单如表 6-12。

表 6-12　CS3000 过程控制系统测点清单

工程名称		DCS　I/O 清单					设计	严新亮	宋国栋
CENTUM CS3000 工程							审核		
序号	位号	测点名称	类型	说明	量 程	趋势	报警	过程通道地址	备注
1	LT101	上水箱液位	AI	4～20mA DC	0～100%	1s	HH:90	%Z011104	
2	LT102	中水箱液位	AI	4～20mA DC	0～100%	1s	HH:90		
3	LT103	下水箱液位	AI	4～20mA DC	0～100%	1s	HH:90	%Z011102	
4	PT101	给水压力	AI	4～20mA DC	0～150kPa	1s	HI:0.7	%Z011105	
5	FT101	涡轮流量计-给水流量一	AI	4～20mA DC	0～1m³/h	1s	HI:80	%Z011106	
6	FT102	电子流量计-给水流量二	AI	4～20mA DC	0～1m³/h	1s	HI:80	%Z011107	
7	TT1001	锅炉温度	AI	4～20mA DC	0～100℃	1s	HH:90	%Z011108	
8	TE102	滞后管温度	AI	4～20mA DC	0～100℃	1s	HH:80	%Z011109	
9	TE103	换热器热出温度	AI	4～20mA DC	0～100℃	1s	HH:80	%Z011110	
10	TE104	换热器冷出温度	AI	4～20mA DC	0～100℃	1s	HH:40	%Z011111	
11	TE105	储水箱温度	AI	4～20mA DC	0～100℃	1s	HH:40	%Z011112	
12	U101	变频器	AO	4～20mA DC	0～100%	1s		%Z012101	
13	FV101	电动调节阀阀位控制	AO	4～20mA DC	0～100%	1s		%Z012102	
14	GZ101	调压模块-锅炉水温	AO	4～20mA DC	0～100%	1s		%Z012103	
15	LSL105	锅炉液位极低联锁	DI	NC		1s		%Z013101	
16	LSH106	锅炉液位极高联锁	DI	NC		1s		%Z013102	
17	FS101	电磁阀-给水紧急切断一	DO	NC		1s		%Z014101	
18	FS102	电磁阀-给水紧急切断二	DO	NC		1s		%Z014102	

(3) 系统配置图

根据现场工艺要求配置两个操作站，一个控制站，配置如图 6-13 所示。

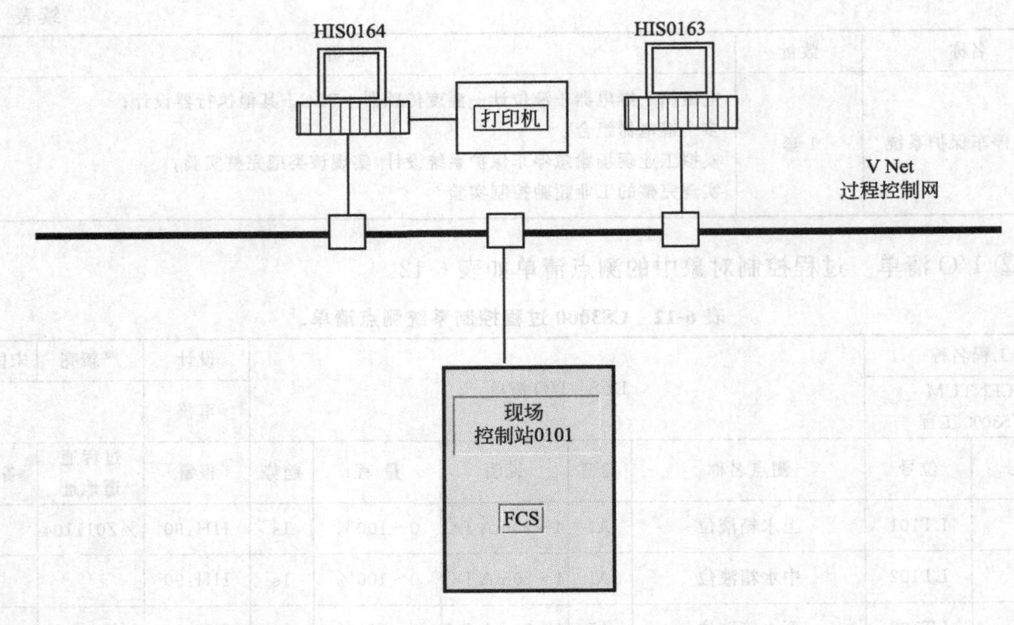

图 6-13 系统配置图

(4) 机柜配置图

根据工艺要求选择合理的卡件类型，现场控制站机柜配置图如图 6-14 所示。

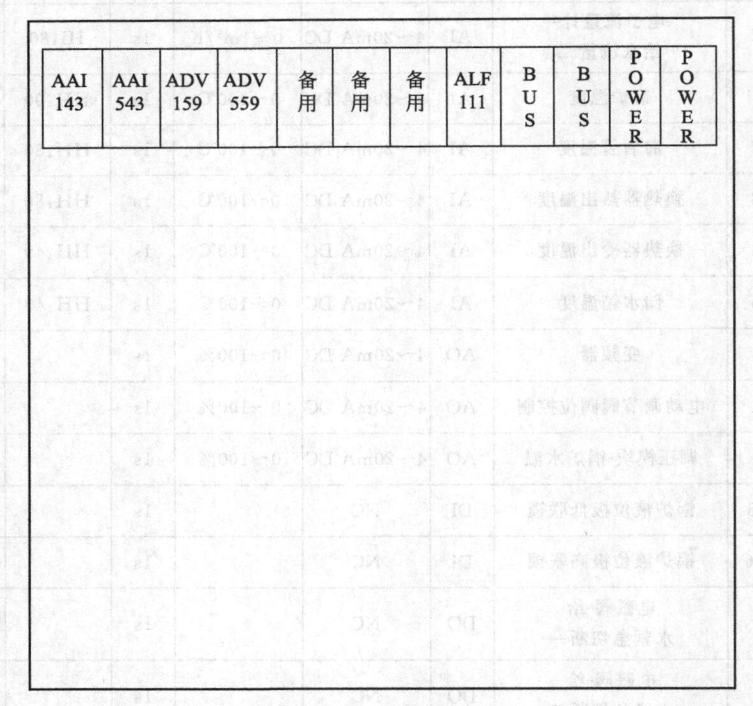

图 6-14 机柜配置图

(5) 组态要求

① I/O 卡件清单，如表 6-13。

表 6-13 CENTUM CS3000 过程控制系统 I/O 卡件一览

卡件类别	型 号	槽 号
模拟量输入卡	AAI143-S	1
模拟量输出卡	AAI543-H	2
数字量输入卡	ADV159-P	3
数字量输出卡	ADV559-P	4
现场总线通信卡	ALF111	8

② 控制回路，如表 6-14。

表 6-14 控制回路

控制回路注释	回路位号	控制方案	PV	MV
下水箱液位控制(调节阀)	LC103	单回路	LT103	FV101
下水箱液位控制(变频器)	LC103A	单回路	LT103	U101
锅炉温度控制	TC1001	单回路	TT1001	GZ101

③ 总貌画面 总貌画面可以调取任何一个画面，包括流程图画面、控制回路趋势画面、数据一览画面、压力趋势画面、液位趋势画面、流量趋势画面、温度趋势画面、回路控制分组画面、液位分组画面、流量分组画面、温度分组画面、压力分组画面、电子阀控制分组画面、过程报警分组画面、系统报警分组画面等。

④ 流程图画面 流程图可包括整个工艺流程图，也可将整个工艺流程分割为具体的小流程。

⑤ 数据一览画面 数据一览画面包括系统所有参数。

⑥ 分组画面，如表 6-15。

表 6-15 分组画面

数据分组	内 容
液位	LT101、LT102、LT103
温度	TT1001、TE102、TE103、TE104、TE105
流量	FT101、FT102
压力	PT101、PT102
电磁阀	FS101、FS102
回路	LC103、LC103A、TC1001

⑦ 趋势画面，如表 6-16。

表 6-16 趋势画面

趋势名	内 容
液位	LT101. PV、LT102. PV、LT103. PV
温度	TT1001. PV、TE102. PV、TE103. PV、TE104. PV、TE105. PV
流量	FT101. PV、FT102. PV
压力	PT101. PV、PT102. PV
回路	LC103. PV、LC103. SV、LC103. MV、LC103A. PV、LC103A. SV、LC103A. MV、TC1001. PV、TC1001. SV、TC1001. MV

【项目实施】

（1）制订计划

小组成员通过查询资料，讨论、制订计划，确定安装方法，写出安装调试方案，确定安装调试步骤，维护方法，并制订 CS3000 的安装调试工作的文件。（教师指导讨论）形成以下书面材料：

① 确定安装调试方案；

② 安装调试流程设计，可参考图 6-15 所示的实施流程，确定安装方法和调试方案、划分实施阶段、确定工序集中和分散程度、确定安装调试顺序；

③ 选择安装调试工具等；

④ 成本核算；

⑤ 制订安全生产规划。

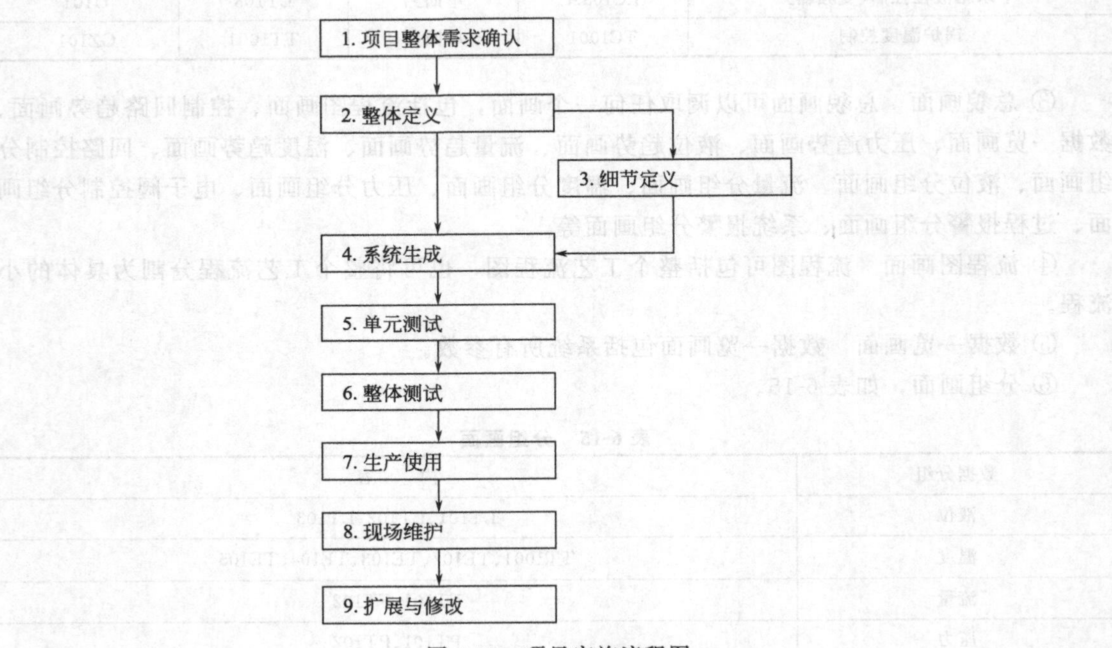

图 6-15 项目实施流程图

第 1 项：项目整体需求确认。要求确认项目的硬件配置情况，例如包括几个控制站，几个操作站及相关的网络连接；要求确认 I/O 清单及确认项目中所有的监视、控制仪表位号；要求确认基本的控制要求及特殊的控制回路和相关功能；要求确认操作监视画面的基本要求，例如确认工艺流程图、控制分组、趋势分组等相关的界面。

第 2、3 项：基本定义和细节定义。依据提出的控制要求和相关图形界面的要求，做一些软件制作前的准备工作，主要是针对控制方案的详细制定。

第 4 项：系统生成。做好前面的准备工作以后，就可以进行项目的软件制作了，通常叫做“组态”工作，在组态过程中，先要构造项目的整体结构。再分别定义控制站部分和操作站部分，完成项目的软件组态工作。

第 5 项：单元测试。完成项目组态工作以后，要进入系统的虚拟测试状态，进行回路功能的检测。通常测试工作在组态的过程中也要进行，目的是及时纠正组态中出现的错误。

第 6 项：整体测试。它和单元测试的主要区别是，在这里要求带有具体的设备进行功能的测试。相当于做试运行的检验工作。

第 7 项：生产使用。测试成功以后，就可以进行正常的生产使用了。

第 8 项：现场维护。要进行一些重要数据的保存工作，例如项目软件的备份，调整参数的备份工作，同时还要检查硬件的运行状态，确保硬件正常工作。

第 9 项：扩展与修改。现场实际应用中，经常遇到项目的扩展，拥有多期工程等情况。在平时的日常生产中经常会遇到一些内容的修改，这些都是扩展和修改的相关工作。

(2) 实施计划

根据本组计划，进行 CS3000 的安装、调试，并进行技术资料的撰写和整理工作。形成资料，评价时汇报。教师重点指导学生正确使用工具和安全操作，重点观察学生材料的使用能力、规程与标准的理解能力、操作能力。

(3) 检查评估

根据 CS3000 的安装、调试工作结果，逐项分析。各小组推举代表进行简短交流发言，撰写任务报告。提出自评成绩。教师重点指导对不合格项目的分析。重点指导哪些工作可改进？如何改进？

以小组自评、各组互评、教师评价三者结合的方式，评价任务完成情况，主要检验下列几项：

① 选用的卡件是否合理；

② 安装方法是否合理；

③ 组态过程是否正确，数据连接是否正确，画面是否操作方便、美观；

④ 调试的方法是否合理；

⑤ 对所设故障诊断是否正确，维护是否得当。

若检验不符合要求，根据教师、同学建议，对各步进行修改。

学习评价表

班级：　　　　　　　　姓名：　　　　　　　　学号：

考核点及分值(100)		教师评价	互　评	自　评	得　分
知识掌握(20)		(80%)	(20%)		
计划方案制作(20)		(80%)	(20%)		
操作实施(20)		(80%)		(20%)	
任务总结(20)		(100%)			
公共素质评价	独立工作能力(4)	(60%)	(25%)	(15%)	
	职业操作规范(3)	(60%)	(25%)	(15%)	
	学习态度(4)	(100%)			
	团队合作能力(3)		(100%)		
	组织协调能力(3)		(100%)		
	交流表达能力(3)	(70%)	(30%)		

思考与复习题

6-1. JX-300XP 控制系统采用几层通信网络结构？试绘制通信网络结构图并说明各层作用。

6-2. JX-300XP 系统使用操作注意事项是什么？

6-3. 绘制项目实施流程图。

6-4. 集散控制系统安装前的准备工作有哪几项？

6-5. JX-300XP 系统安装工作包括哪几个步骤？

6-6. DCS 现场仪表的接地连接方法是什么？

6-7. CENTUM CS3000 系统的最小配置域的组成是什么？

6-8. CENTUM CS3000 系统中控制站的作用是什么？并简述 KFCS 型控制站的组成。

6-9. CENTUM CS3000 系统中，简述 NODE、ESB Bus 和 ER Bus 的作用。

附录　常用工具

(1) 钢丝钳　6″～8″(150～200mm)
(2) 斜嘴钳　5″(130mm)
(3) 尖嘴钳　5″(130mm)
(4) 偏口钳　5″(130mm)
(5) 剥线钳　140，180mm
(6) 手虎钳　1″(25min)
(7) 台虎钳　4″(100mm)
(8) 管子台虎钳　1号(10～73mm)
(9) 管钳子　6″～12″(20mm×150mm～40mm×200mm)
(10) 电工刀　88mm，112mm
(11) 铁皮剪子　2号
(12) 割管刀　ϕ6
(13) 木把螺丝刀　2″～6″(50mm×2mm～125mm×6mm)
(14) 胶把螺丝刀　1½″～3″
(15) 十字花螺丝刀　1½″～4″
(16) 钟表起子　1～6号
(17) 活扳子　4″和6″(14mm～100mm和19mm～150mm)
(18) 活扳子　8″和15″(24mm～200mm和46mm～375mm)
(19) 单头扳子　18件
(20) 双头扳子　6件、8件、10件
(21) 两用扳子　6件、8件、10件
(22) 套筒扳子　6件、9件、10件、13件、17件
(23) 梅花扳子　6件、8件
(24) 内六角扳子　13件
(25) 线锤　0.2kg、0.3kg、0.4kg、0.5kg
(26) 板锉　6″(150mm)中齿
(27) 扁锉　6″(150mm)细齿
(28) 方锉　6″(150mm)中齿
(29) 三角锉　6″(150mm)中齿
(30) 半圆锉　6″(150mm)中齿
(31) 木锉　12″(300mm)
(32) 板牙　*M*1～6，*M*2～6
(33) 圆锉　6″(150mm)
(34) 板牙扳手　2～6mm
(35) 丝锥　*M*1～6，*M*2～6
(36) 丝锥扳手　2～6mm
(37) 螺纹卡公制　60″，英制55″
(38) 钢板尺　150mm、300mm、500mm
(39) 钢卷尺　2m
(40) 直角尺
(41) 水平尺
(42) 卡钳　内、外卡
(43) 钳工划规　中号
(44) 冲子　尖
(45) 凿子　扁形、窄形
(46) 麻花钻头　ϕ1～10mm
(47) 射钉枪　ϕ8mm
(48) 钢锯　可调整式
(49) 钳工手锤　0.5～1kg
(50) 铜锤　0.5kg
(51) 木槌　小号
(52) 弯管器具　1/2″、3/4″、1″
(53) 打孔器　6件
(54) 试电笔　100～500V
(55) 电烙铁　20W、75W、100W
(56) 图形组冲　26件

参 考 文 献

[1] 张德泉．仪表工识图．北京：化学工业出版社，2006.

[2] 丁炜，于秀丽．过程检测及仪表．北京：北京理工大学出版社，2010.

[3] 汪兴云．过程仪表安装与维护．北京：化学工业出版社，2006.

[4] 陈洪全，岳智．仪表工程施工手册．北京：化学工业出版社，2009.

[5] 刘鹏程，顾祥柏．工程合同分析与设计．北京：中国石化出版社，2010.

[6] 中国石油和化学工业协会，自动化仪表工程施工及验收规范，GB 50093—2002. 北京：中国计划出版社，2003.

[7] 周永茜．仪表维修工操作实训．北京：化学工业出版社，2006.

[8] 付宝祥等．仪表维修工．北京：化学工业出版社，2008.

[9] 化工部自动控制设计技术中心站．自控安装图册，HG/T 21581—95.